中等职业教育机电类专业系列规划教材

U0384264

车工
——理论及实训一体化模块教材

主 编　杨涌泉　李小强
副主编　张兴华　朱祥根
编 委　刘绪华　谭祺龙　魏　奇　杨传强
　　　　张晓明　谢涪陵　方坤礼

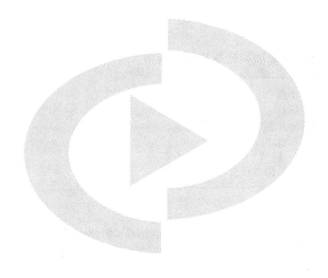

四川大学出版社
·成 都·

特约编辑:邓小翠　杨　力
责任编辑:廖庆扬
责任校对:张　涌　王　斌
封面设计:原谋设计工作室
责任印制:王　炜

图书在版编目(CIP)数据

车工:理论及实训一体化模块教材 / 杨涌泉，李小强
主编. —成都:四川大学出版社，2012.8
ISBN 978-7-5614-6077-1

Ⅰ.①车…　Ⅱ.①杨…②李…　Ⅲ.①车削-中等专
业学校-教材　Ⅳ.①TG51

中国版本图书馆 CIP 数据核字（2012）第 184888 号

书　名	车工——理论及实训一体化模块教材	
主　编	杨涌泉　李小强	
出　版	四川大学出版社	
地　址	成都市一环路南一段24号（610065）	
发　行	四川大学出版社	
书　号	ISBN 978-7-5614-6077-1	
印　刷	成都金龙印务有限责任公司	
成品尺寸	185 mm×260 mm	
印　张	10.75	
字　数	261 千字	
版　次	2012 年 8 月第 1 版	◆读者邮购本书,请与本社发行科联系。
印　次	2020 年 1 月第 3 次印刷	电话:(028)85408408/(028)85401670/
定　价	30.00 元	(028)85408023　邮政编码:610065

◆本社图书如有印装质量问题,请
寄回出版社调换。

◆网址:http://press.scu.edu.cn

前　言

　　本教材根据学校多年实践经验,充分考虑了各地区中等职业技术学校素质教育和技能培养的有机结合。书中针对中等职业教育实践能力和职业技能的培养目标,充分体现"理实一体化"的教学模式,从整体内容到体系构架,以突出实用、简明为宗旨,主要内容包括:"基础篇"——普通车床加工技术入门、阶梯轴的加工、孔类零件的加工、锥体零件加工、成形面加工、螺纹加工、偏心件的加工、加工技术综合训练等八个大项目,共计22个模块;"强化篇"——共计4个模块;"考级篇"——共计6个模块。使学生掌握专业知识和技能的同时,还给学生以发展后劲,充实新知识、新技术、新工艺和新方法。学生在技能训练过程中反复学习、理解、熟悉基本理论,变枯燥学习为实际运用,变被动接受知识为主动求知,最终达到掌握本专业知识和技能的要求目的。培养学生掌握中级车工所需的工艺理论知识和实际的操作技能;并能熟练地使用、调整和维护本工种的主要设备;培养学生养成良好的职业道德;具有安全生产和文明生产的习惯;在达到理论与实际课题要求之后,可结合生产实习,并完成一定的生产任务。

　　一、课程目标

　　1.熟悉常用车床的规格、结构、性能、传动系统,掌握其调整方法。

　　2.能够合理的选用常用刀具。

　　3.了解车工常用工具、量具的结构,并掌握其使用方法。

　　4.懂得金属切削原理,并能合理的选择切削用量。

　　5.能合理的选择定位基准和选择中等复杂工件的装夹方法。

　　6.能熟练的掌握实际操作中的计算问题。

　　7.能对工件进行质量分析,并提出产生废品的原因和防止方法。

　　二、课程设计理念与思路

　　1.为培养学生在车削加工方面的专业技能,本课程主要以并列式的结构以任务书为主线进行教学安排。根据任务书进行设计,任务的知识点以现场够用,管用为原则。

　　2.课程教学设计与先进的教学方法相结合,以任务书为载体,理实一体,通过实践操作,工作任务的完成,引出问题,再通过理论学习解决问题,最后进行工作任务总结、评价、查出问题,从而不断提高现场发现问题、解决问题的能力。

　　3.总的设计思路:根据生产实际确定教学任务书→明确教学目标→安排工作任务→实际操作→理论指导→练习→总结评价。

　　4.本任务书包括预备理论和任务评价,其中任务评价又包括任务预备分、任务完成分、任务过程分、反思分析分,所以使得本任务评价体系较一般传统教材更全面、更系统。

　　本书在编写过程中,参阅了大量相关专业的书籍,并得到李小强、张兴华、朱祥根、刘绪华、谭祺龙、魏奇、杨传强、张晓明等多位老师的大力支持,最后由张兴华校长亲笔写序,在此一并表示感谢。

　　由于本书是一次创新性的教学改革尝试,加上编者水平及编写时间所限,书中难免有不当之处,衷心希望使用本书的师生对本书存在的错漏及不当之处提出宝贵意见。

三、内容纲要

任务		任务名称	模块名称		学时		总学时
					理论	操作	
基础篇	项目一	入门知识	模块一	认识车工、安全文明	1		5
			模块二	认识车床	1		
			模块三	车床操纵	1	2	
	项目二	刃磨车刀	模块一	认识车刀	2		6
			模块二	刃磨车刀	1	3	
	项目三	轴类零件的加工	模块一	光轴的加工	2	8	30
			模块二	台阶轴的加工	2	8	
			模块三	车断与车槽的加工	2	8	
	项目四	锥体零件的加工	模块一	外圆锥零件的加工	2	8	10
	项目五	综合训练	模块一	综合零件的加工	3		3
	项目六	孔类零件的加工	模块一	钻削的加工	2	6	28
			模块二	镗削的加工	4	16	
	项目七	强化练习内孔的加工	模块一	综合零件的加工		4	4
	项目八	螺纹的加工	模块一	三角形外螺纹的加工	3	12	45
			模块二	三角形内螺纹的加工	3	12	
			模块三	梯形螺纹的加工	3	12	
	项目九	综合训练	模块一	综合零件的加工		4	4
	项目十	成形面的加工	模块一	球形小轴的加工	2	13	15
	项目十一	综合训练	模块一	综合零件的加工		4	4
	项目十二	偏心工件的加工	模块一	偏心孔、轴的加工	5	15	20
	项目十三	综合训练	模块一	综合零件的加工		4	4
强化篇	项目十四	综合训练	模块一	综合零件的加工		3	3
			模块二	综合零件的加工		4	4
			模块三	综合零件的加工		5	5
			模块四	综合零件的加工		5	5

考级篇	项目十五	鉴定试题训练	模块一	初级技能鉴定训练		3	3
			模块二	初级技能鉴定训练		4	4
			模块三	中级技能鉴定训练		4	4
			模块四	中级技能鉴定训练		4	4
			模块五	中级技能鉴定训练		4	4
			模块六	中级技能鉴定训练		4	4
合计							218

目录

基础篇

项目一 入门知识 ……………………………………………………（ 2 ）

　模块一 认识车工、安全文明 ……………………………………（ 2 ）

　模块二 认识车床 …………………………………………………（ 7 ）

　模块三 车床操纵 …………………………………………………（ 12 ）

项目二 刃磨车刀 ……………………………………………………（ 20 ）

　模块一 认识车刀 …………………………………………………（ 20 ）

　模块二 刃磨车刀 …………………………………………………（ 25 ）

项目三 轴类零件的加工 ……………………………………………（ 30 ）

　模块一 光轴的加工 ………………………………………………（ 30 ）

　模块二 台阶轴的加工 ……………………………………………（ 40 ）

　模块三 车断与车槽的加工 ………………………………………（ 45 ）

项目四 锥体零件的加工 ……………………………………………（ 50 ）

　模块一 外圆锥零件的加工 ………………………………………（ 50 ）

项目五 综合训练 ……………………………………………………（ 56 ）

　模块一 综合零件的加工 …………………………………………（ 56 ）

项目六 孔类零件的加工 ……………………………………………（ 59 ）

　模块一 钻削的加工 ………………………………………………（ 59 ）

　模块二 镗削的加工 ………………………………………………（ 66 ）

项目七 强化练习内孔的加工 ………………………………………（ 73 ）

　模块一 综合零件的加工 …………………………………………（ 73 ）

项目八 螺纹的加工 …………………………………………………（ 76 ）

　模块一 三角形外螺纹的加工 ……………………………………（ 76 ）

　模块二 三角形内螺纹的加工 ……………………………………（ 84 ）

　　模块三　梯形螺纹的加工 ……………………………………………（ 91 ）

项目九　综合训练 ……………………………………………………（ 99 ）
　　模块一　综合零件的加工 ………………………………………………（ 99 ）

项目十　成形面的加工 …………………………………………………（102）
　　模块一　球形小轴的加工 ………………………………………………（102）

项目十一　综合训练 …………………………………………………（106）
　　模块一　综合零件的加工 ………………………………………………（106）

项目十二　偏心工件的加工 …………………………………………（109）
　　模块一　偏心孔、轴的加工 ……………………………………………（109）

项目十三　综合训练 …………………………………………………（117）
　　模块一　综合零件的加工 ………………………………………………（117）

强化篇

项目十四　综合训练 …………………………………………………（122）
　　模块一　综合零件的加工 ………………………………………………（122）
　　模块二　综合零件的加工 ………………………………………………（125）
　　模块三　综合零件的加工 ………………………………………………（128）
　　模块四　综合零件的加工 ………………………………………………（132）

考级篇

项目十五　鉴定试题训练 ……………………………………………（137）
　　模块一　初级技能鉴定训练 ……………………………………………（137）
　　模块二　初级技能鉴定训练 ……………………………………………（140）
　　模块三　中级技能鉴定训练 ……………………………………………（143）
　　模块四　中级技能鉴定训练 ……………………………………………（147）
　　模块五　中级技能鉴定训练 ……………………………………………（151）
　　模块六　中级技能鉴定训练 ……………………………………………（155）

附录 ……………………………………………………………………（159）

基础篇

项目一　入门知识

模块一　认识车工、安全文明

车工实训任务书

项目编号：No.01

项目名称：入门知识

任务编号：1-1

任务名称：认识车工、安全文明

班组学号：

学生姓名：

指导教师：

布置时间：

任务名称	1—1　认识车工、安全文明	课时	1 小时
任务简介	了解车工、分析车工		
任务目标	终极目标:了解车床的加工范围,掌握车工应遵守的安全、文明操作规程。 任务目标:(1)了解车床的加工范围。 　　　　　(2)掌握车工应遵守的安全、文明操作规程。		
预备理论 (10%)	一、车床的加工范围 车床的加工范围 二、车工应遵守的安全、文明操作规程 **1.安全守则** (1)整队集合,喊口号"安全第一、规范操作"。 (2)工作时应穿工作服,袖口要扎紧。女工要戴工作帽,把头发或辫子全部塞入帽内。在车床上工作时,不允许戴手套。夏天不许穿短裤、背心和拖鞋进入实习场地。 (3)工作时,头不可离工件太近,以防飞屑伤眼。车削有崩碎状切屑的工件时,必须戴防护眼镜。 (4)车床开动时不能测量工件、装夹工具,手和身体不能靠近正在旋转的工件或车床部件。		

一、车床的加工范围

a)车外圆　　b)车端面　　c)车锥面　　d)切槽、切断

e)切内槽　　f)钻中心孔　　g)钻孔　　h)镗孔

i)铰孔　　j)车成形面　　k)车外螺纹

车床的加工范围

二、车工应遵守的安全、文明操作规程

1.安全守则

(1)整队集合,喊口号"安全第一、规范操作"。

(2)工作时应穿工作服,袖口要扎紧。女工要戴工作帽,把头发或辫子全部塞入帽内。在车床上工作时,不允许戴手套。夏天不许穿短裤、背心和拖鞋进入实习场地。

(3)工作时,头不可离工件太近,以防飞屑伤眼。车削有崩碎状切屑的工件时,必须戴防护眼镜。

(4)车床开动时不能测量工件、装夹工具,手和身体不能靠近正在旋转的工件或车床部件。

（5）工件和刀具必须装夹牢固，以防飞出发生事故。

（6）工件装夹后，卡盘扳手必须随手取下。

（7）不允许用手去刹转动的卡盘。不得随意装拆车床电器设备。

（8）清除切屑时应该用专用的钩子，不能用手直接清除。

（9）车削工件时，不能吃刀停车，应先退刀，后停车。

（10）用锉刀光工件时，应右手在前、左手在后，身体离开卡盘（夹头）。

（11）车内孔时，不准用锉刀倒角。用砂布光内孔时，不准将手指或手臂伸进孔内去打磨。

2．文明生产

（1）每班工作前先低速开车空转 1 min～2 min，使润滑油散布到各润滑处。

（2）先停车后变速。

（3）不许在车床的任何部位敲击或校直工件，也不许在车床上放置重物。

（4）下班前，应清除车床上的铁屑，擦净后按规定在加油部位加上润滑油，清扫场地。必须做到"三后"（尾架、大拖板、中拖板摇到后面）与"两空"（主轴箱手柄放到空挡，机床总电源脱空）。

预备理论（10％）

三、现场参观

（1）参观实作场地、实作所使用的设备。弄清"6S"管理。

"6S"管理

整理：要与不要，一留一弃；

整顿：分门别类，各就各位；

清扫：清除垃圾，美化环境；

安全：安全操作，生命第一；

清洁：形成制度，贯彻到底；

素养：养成习惯，以人为本。

参观车间

（2）参观已做出的产品。

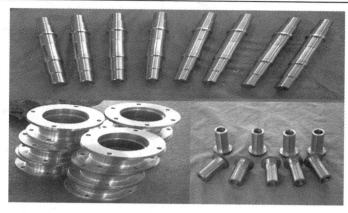

实作产品(部分)

预备理论(10%)					
任务过程	操作过程: (1)整队集合,喊口号"安全第一、规范操作"。 (2)看介绍车床加工范围的多媒体视频。 (3)安全文明生产讲解。 (4)入车间参观。				

任务完成评价表

	序号	项目内容	配分	学生自评分	教师评分
任务完成质量得分(50%)	1	说出车床的加工范围	20		
	2	说出车工应遵守的安全守则	30		
	3	说出车工应遵守的文明生产守则	30		
	4	工作态度是否端正	10		
	5	着装是否符合工作要求	10		
	合计		100		
任务过程得分(30%)	1	准备工作	15		
	2	工位布置	15		
	3	工艺执行	15		
	4	清洁整理	15		
	5	清扫保养	15		
	6	工作纪律	25		
	合计		100		
任务反思得分(10%)	(1)每日一问: (2)错误项目原因分析: (3)自评与师评差别原因分析:				

任务总得分				
预备得分	任务完成质量得分	任务过程得分	反思分析得分	总得分

教师评价	
每日一练	(1)说说车工的基本工作内容。 (2)试述车工应遵守的安全守则。 (3)说出"6S"管理的内容。

模块二　认识车床

车工实训任务书

项目编号:No. 01

项目名称:入门知识

任务编号:1－2

任务名称:认识车床

班组学号:

学生姓名:

指导教师:

布置时间:

任务名称	1-2　认识车床	课时	1 小时
任务简介	了解车床、分析车床		
任务目标	终极目标:掌握普通车床的结构以及各部件的功用。 任务目标:(1)了解车床的主要部件及作用。 　　　　　(2)了解车床型号。		

预备理论
(10%)

一、车床各部分名称及其作用

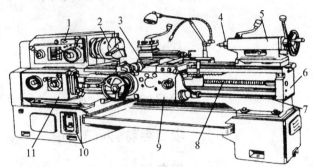

卧式车床

1—主轴箱;2—卡盘;3—刀架;4—后顶尖;5—尾座;6—床身;7—光杠;8—丝杠;9—床鞍;10—底座;11—进给箱

1.车床的主要部件及作用

(1)主轴部分。

①主轴箱内有多组齿轮变速机构,变换箱外手柄位置,可以使主轴得到各种不同的转速。

②卡盘用来夹持工件,带动工件一起旋转。

(2)挂轮箱部分。

它的作用是把主轴的旋转运动传送给进给箱。变换箱内齿轮,并和进给箱及长丝杠配合,可以车削各种不同螺距的螺纹。

(3)进给部分。

①进给箱。利用它内部的齿轮传动机构,可以把主轴传递的动力传给光杠或丝杠得到各种不同的转速。

②丝杠。用来车削螺纹。

③光杠。用来传动动力,带动床鞍、中滑板,使车刀作纵向或横向的进给运动。

(4)溜板部分。

①溜板箱。变换箱外手柄位置,在光杠或丝杠的传动下,可使车刀按要求方向作进给运动。

②滑板。分床鞍、中滑板、小滑板三种。床鞍作纵向移动、中滑板作横向移动,小滑板通常作纵向移动。

③刀架。用来装夹车刀。

（5）尾座。

用来安装顶尖、支顶较长工件,它还可以安装其他切削刀具,如钻头、绞刀等。

（6）床身。

用来支持和安装车床的各个部件。床身上面有两条精确的导轨,床鞍和尾座可沿着导轨移动。

（7）附件。

中心架和跟刀架,车削较长工件时,起支撑作用。

2. 车床各部分传动关系

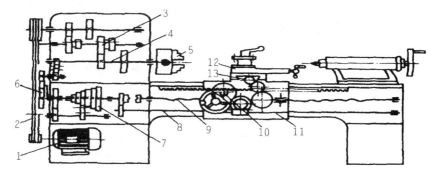

预备理论
（10％）

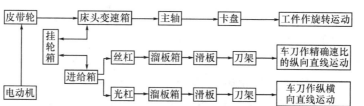

电动机输出的动力,经皮带传给主轴箱带动主轴、卡盘和工件做旋转运动。此外,主轴的旋转还通过挂轮箱、进给箱、光杠或丝杠到溜板箱,带动床鞍、刀架沿导轨作直线运动。见上图。

部件名称	主要功用
床身	
主轴箱	
变速箱	
进给箱	
光杠、丝杠	
滑板箱	
大滑板	
中滑板	
小滑板	

转盘	
刀架	
尾座	
润滑系统	
电器系统	

预备理论(10%)

二、机床型号

机床型号是机床产品的代号,用以简明地表示机床的类别、主要技术参数、结构特性等。我国目前实行的机床型号,按 GB/T15375—94"金属切削机床型号编制办法"实行,它由汉语拼音字母及阿拉伯数字组成。型号中字母及数字的含义如下。

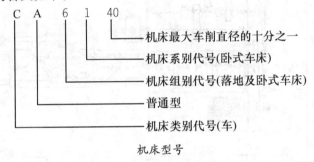

机床型号

任务过程

操作过程:

(1)对应车床指出主轴箱,说出其功用、有何主要零部件。

(2)对应车床指出进给箱,说出其功用、有何主要零部件。

(3)对应车床指出滑板箱,说出其功用、有何主要零部件。

(4)对应车床指出机床导轨,说出其功用。

(5)对应车床指出机床丝杠,说出其功用。

(6)对应车床指出机床光杠,说出其功用。

(7)对应车床指出机床刀架,说出其功用、有何主要零部件。

(8)对应车床说出各按钮名称及用途。

(9)解释 CA6140 的含义。

任务完成质量得分（50%）	序号	项目内容	配分	学生自评分	教师评分
	1	对应车床指出主轴箱	10		
	2	对应车床指出进给箱	10		
	3	对应车床指出滑板箱	10		
	4	对应车床指出机床导轨	10		
	5	对应车床指出机床丝杠	10		
	6	对应车床指出机床光杠	10		
	7	对应车床指出机床刀架	10		
	8	对应车床说出各按钮名称及用途	10		
	9	工作态度是否端正	10		
	10	着装是否符合工作要求	10		
	合计		100		
任务过程得分（30%）	1	准备工作	15		
	2	工位布置	15		
	3	工艺执行	15		
	4	清洁整理	15		
	5	清扫保养	15		
	6	工作纪律	25		
	合计		100		

任务完成评价表

任务反思得分（10%）	(1)每日一问：
	(2)错误项目原因分析：
	(3)自评与师评差别原因分析：

任务总得分

预备得分	任务完成质量得分	任务过程得分	反思分析得分	总得分
教师评价				
每日一练	(1)说说 CA6140 车床尾座的作用。			
	(2)写出 CK6140 的含义。			

模块三　车床操纵

车工实训任务书

项目编号:No. 01

项目名称:入门知识

任务编号:1－3

任务名称:车床操纵

班组学号:

学生姓名:

指导教师:

布置时间:

任务名称	1-3　车床操纵		课时	3 小时
任务简介	了解车床、操纵车床			
任务目标	终极目标:掌握普通车床的操作方法。 任务目标:(1)掌握普通车床的操作方法。 　　　　　(2)掌握普通车床的保养方法。 　　　　　(3)了解切削用量知识。 　　　　　(4)掌握三爪卡盘的结构和装卸方法。			

预备理论
(10%)

一、普通车床的操作方法

1.操纵步骤

(1)检查车床变速手柄是否停在空挡、操纵手柄是否停在停止位置、开合螺母手柄抬开。

(2)练习车床转速手柄的选取。

(3)练习走刀量手柄的选取。

(4)分别操纵大、中、小拖板手柄。

(5)送电开机,重复练习上述 2~4 步骤。

(6)将各手柄打到步骤 1 的位置,停机断电。

(7)打扫卫生。

2.练习

(1)床鞍、中滑板和小滑板摇动练习。

①中滑板和小滑板慢速均匀移动,要求双手交替动作自如。

②分清中滑板的进退刀方向,要求反应灵活,动作准确。

(2)车床的启动和停止。

练习主轴箱和进给箱的变速,变换溜板箱的手柄位置,进行纵横机动进给练习。

任务	示意图	操作说明
滑板操作	 	(1)床鞍的纵向移动由滑板箱正面左侧的大手轮控制,当顺时针转动手轮时,床鞍向右运动;逆时针转动手轮时,床鞍向左运动。 (2)中滑板手柄控制中滑板的横向移动和横向进刀量。当顺时针转动手柄时,中滑板向远离操作者的方向移动(即横向进刀),逆时针转动手柄时,中滑板向靠近操作者的方向移动(即横向退刀)。

预备理论 （10%）	车床的启动操作		（1）在启动车床之前必须检查车床各变速手柄是否处于正常位置、离合器是否处于正确位置、操纵杆是否处于停止状态操纵车床。 （2）操纵杆有向上、中间、向下三个档位，可分别实现主轴的正转、停止和反转。
	主轴箱的变速操作		（1）主轴变速通过主轴正面右侧两个叠套的手柄位置来实现。 （2）前面的手柄有六个档位，每个档位上有四级转速，若要选择其中某一转速可通过后面的手柄来控制。后面的手柄除有两个空档外，尚有四个档位，只要将手柄位置拨到其所显示的颜色与前面手柄所处档位上的转速数字所标示的颜色相同的档位即可。
	进给箱操作		（1）手柄有 A、B、C、D 四个档位，是丝杠、光杠变换手柄。 （2）手柄的 Ⅰ、Ⅱ、Ⅲ、Ⅳ 四个档位与有八个档位的手轮相配合，用以调整螺距及进给量。实际操作应根据加工要求，查找进给箱油池盖上的螺纹和进给量调配表来确定手轮和手柄的具体位置。 （3）当前手柄处于正上方时是第 Ⅴ 档，此时齿轮箱的运动不由进给箱变速，而与丝杠直接相连。
	刻度盘的操作		（1）滑板箱正面的大手轮轴上的分度盘分为 300 格，每转过 1 格，表示床鞍纵向移动 1mm。 （2）中滑板丝杠上的分度盘分为 100 格，每转过 1 格，表示刀架横向移动 0.05mm。 （3）小滑板丝杠上的分度盘分为 100 格，每转过 1 格，表示刀架横向移动 0.05mm。
	自动进给的操作		十字槽的扳动手柄，是刀架实现纵、横向机动进给和快速移动的集中操纵机构。

预备理论（10%）	卡盘装拆练习	  	自定心卡盘是车床上的常用工具,它的结构和形状见左图。当卡盘扳手插入小锥齿轮 2 的方孔中转动时,就带动大锥齿轮 3 旋转。大锥齿轮 3 背面是平面螺纹,平面螺纹又和卡爪 4 的端面螺纹啮合,因此就能带动三个卡爪同时做向心或离心移动。 　　(1)自定心卡盘的规格。 　　常用的公制自定心卡盘规格有:150、200、250。 　　(2)自定心卡盘的拆装步骤。 　　①拆自定心卡盘零部件的步骤和方法。 　　a)松去三个定位螺钉 6,取出三个小锥齿轮 2。 　　b)松去三个紧固螺钉 7 取出防尘盖板 5 和带有平面螺纹的大锥齿轮 3。 　　②装三个卡爪的方法: 　　装卡盘时,用卡盘扳手的方榫插入小锥齿轮的方孔中旋转,带动大锥齿轮的平面螺纹转动。当平面螺纹的螺口转到将要接近壳体槽时,将 1 号卡爪装入壳体槽内。其余两个卡爪按 2 号、3 号顺序装入,装的方法与前相同。 　　(3)卡盘在主轴上的装卸。 　　①装卡盘时,首先将连接部分擦净、加油,确保卡盘安装的准确性。 　　②卡盘旋上主轴后,应使卡盘法兰的平面和主轴平面贴紧。 　　③卸卡盘时,在操作者对面的卡爪与导轨面之间放置一定高度的硬木块或软金属,然后将卡爪转至近水平位置,慢速倒车冲撞。当卡盘松动后,必须立即停车,然后用双手把卡盘旋下。

3. 注意事项

(1)要求每台机床都具有防护设施。

（2）摇动滑板时要集中注意力,做模拟切削运动。

（3）倒顺电气开关不准连接,确保安全。

（4）变换车速时,应停车进行。

（5）车床运转操作时转速要慢,注意防止左右前后碰撞,以免发生事故。

二、普通车床的日常保养方法

日常保养内容和要求	定期保养的内容和要求	
	保养部位	内容和要求
1. 班前 （1）擦净机床各部外露导轨及滑动面。 （2）按规定润滑各部位,油质、油量符合要求。 （3）检查各手柄位置。 （4）空车试运转。 **2. 班后** （1）将铁屑全部清扫干净。 （2）擦净机床各部位。 （3）部件归位。 （4）认真填写交接班记录及其他纪录。	外表面	（1）清洗机床外表及死角,拆洗各罩盖,要求内外清洁,无锈蚀、无油污,漆见本色铁见光。 （2）清洗丝杠、光杠、齿条,要求无油垢。 （3）检查补齐螺钉、手柄、手球。
	床头箱	（1）拆洗滤油器。 （2）检查主轴定位螺钉,调整适当。 （3）调整摩擦片间隙和刹车装置。 （4）检查油质。
	刀架及滑板	（1）拆洗刀架、小滑板、中滑板各件。 （2）安装时调整好中滑板、小滑板的丝杠间隙和斜铁间隙。
	挂轮箱	（1）拆洗挂轮及挂轮架,并检查轴套有无晃动现象。 （2）安装时调整好齿轮间隙,并注入新油质。
	尾座	（1）拆洗尾座各部。 （2）清除研伤毛刺,检查丝杠螺母副间隙。 （3）安装时要求达到灵活可靠。
	进给箱及滑板箱	清洗油线、油毡、注入新油。
	润滑及冷却系统	（1）清洗冷却泵,冷却槽。 （2）检查油质,保持良好,油杯齐全,油窗明亮。 （3）清洗油线、毛毡,注入新油,要求油路畅通。
	电气系统	（1）清洗电动机及电气箱内外灰尘。 （2）检查擦拭电气元件及触点,要求完好可靠无灰尘,线路安全可靠。

预备理论（10%）

三、切削用量

1. 切削深度(a_p)

工件上已加工表面和待加工表面间的垂直距离,也就是每次进给时车刀切入工件的深度(单位 mm),车削外圆时的切削深度(a_p)可按下式计算:

$$a_p = (d_w - d_m)/2$$

式中 a_p——切削深度,mm;

d_w——工件待加工表面直径,mm;

d_m——工件已加工表面直径,mm。

2. 进给量(f)

工件每转一周,车刀沿进给方向移动的距离(单位 mm/r)。

纵进给量——沿车床床身导轨方向的进给量。

横进给量——垂直于车床床身导轨方向的进给量。

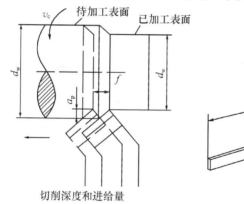

切削深度和进给量

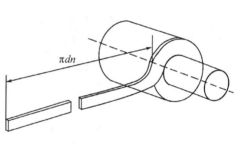

切削速度

3. 切削速度(v_c)

在进行切削时,刀具切削刃上的某一点相对于待加工表面在主运动方向上的瞬时速度,也可以理解为车刀在一分钟内车削工件表面的理论展开直线长度(单位 m/min)。

切削速度(v_c)的计算公式为

$$v_c = \pi dn/1000 \text{ 或 } v_c \approx dn/318$$

式中 v_c——切削速度,m/min;

d——切削刀选定点工件或刀具的直径,mm;

n——工件或刀具的转速,r/min。

任务过程

操作过程:

(1)床鞍、中滑板和小滑板摇动练习。

①中滑板和小滑板慢速均匀移动,要求双手交替动作自如。

②分清中滑板的进退刀方向,要求反应灵活,动作准确。

左栏:**预备理论(10%)**

任务过程	（2）车床的启动和停止。 　　练习主轴箱和进给箱的变速,变换溜板箱的手柄位置,进行纵横机动进给练习。 　　（3）卸、装三爪卡盘,并注意:在主轴上安装卡盘时,应在主轴孔内插一铁棒,并垫好床面护板,防止砸坏床面;安装三个卡爪时,应按逆时针方向顺序进行,并防止平面螺纹转过头。

任务完成评价表

	序号	项目内容	配分	学生自评分	教师评分
任务完成 质量得分 （50％）	1	滑板操作	10		
	2	车床的启动操作	10		
	3	能阅读车床铭牌表并通过手柄变换调整加工参数	10		
	4	滑板箱正面的大手轮轴上刻度盘的读数	10		
	5	中滑板丝杠上刻度盘的读数	10		
	6	小滑板丝杠上刻度盘的读数	10		
	7	自动进给的操作	5		
	8	手柄操作转向与设定进给方向是否一致	10		
	9	手柄操作是否协调	5		
	10	工作态度是否端正	10		
	11	安全文明生产	10		
	合计		100		
任务过程 得分（30％）	1	准备工作	15		
	2	工位布置	15		
	3	工艺执行	15		
	4	清洁整理	15		
	5	清扫保养	15		
	6	工作纪律	25		
	合计		100		
任务反 思得分 （10％）	（1）每日一问:				
	（2）错误项目原因分析:				
	（3）自评与师评差别原因分析:				

任务总得分				
预备得分	任务完成质量得分	任务过程得分	反思分析得分	总得分

教师评价	
每日一练	(1)说说切削用量三要素。 (2)简述车床主轴箱的润滑方法。 (3)车床主轴有几级正转? (4)卡盘装拆练习有何意义?

项目二　刃磨车刀

模块一　认识车刀

车工实训任务书

项目编号：No.02

项目名称：刃磨车刀

任务编号：2-1

任务名称：认识车刀

班组学号：

学生姓名：

指导教师：

布置时间：

任务名称	2-1　认识车刀	课时	2小时
任务简介	了解车刀		
任务目标	终极目标:掌握车刀切削部分的组成(面、刃、尖)及车刀几何角度的定义。 任务目标:(1)了解车刀的材料、种类和用途。 　　　　　(2)掌握车刀切削部分的组成(面、刃、尖)及车刀几何角度的定义及初步选择。		

预备理论(10%)

一、车刀的种类、用途、材料

1.种类和用途

直头车刀　　弯头车刀　　75°强力车刀　　90°偏刀

切断刀或切槽刀　　扩孔刀(通孔)　　扩孔刀(不通孔)　　螺纹车刀

2.材料

(1)基本要求红硬性好:即要求材料在高温下保持其原有硬度的性能好,常用红硬温度表示。红硬温度愈高,在高温下的耐磨性能愈好。

具有足够的强度和韧性:为承受切削中产生的切削力或冲击力,防止产生振动和冲击,车刀材料应具有足够的强度和韧性,才不会发生脆裂和崩刀。

(2)常用车刀的材料。

常用车刀的材料主要有高速钢和硬质合金。

高速钢:是含有钨,铬,钒等合金元素较多的高合金工具钢。

硬质合金:是用碳化钨,碳化钛和钴等材料利用粉末冶金的方法而制成的合金。

二、车刀切削部分的组成(面、刃、尖)及车刀几何角度的定义及初步选择

1.车刀的组成

车刀是由刀头和刀体两部分组成,刀头由若干刀面和刀刃组成。

2.车刀的角度及主要作用

3.车刀几何角度的初步选择

	角度名称	定义	功用	角度值
1	前角（γ_o）	在主剖面中，后刀面与主切削平面间的夹角	γ_o增大刀刃锋利、切削轻快，但R过大，刀刃强度下降	10°～25°（用高速钢刀，选大些；硬质合金刀，选小些）
2	主后角（α_o）	在主剖面中，后刀面与主切削平面间的夹角	主α_o增大，可减小工件与后刀面的摩擦，提高工件的表面质量	6°～12°
3	主偏角（κ_r）	在基面上，主切削刃在基面上投影与进给方向之间的夹角	κ_r减小，可增加主刀刃参加切削的长度，散热好，但会使刀具径向切削力增大而引起工件的弯曲和振动	30°～90°
4	副偏角（κ_r'）	在基面上，副切削刃在基面上的投影与进给反方向间的夹角	κ_r'减小，可降低工件表面的即减小工件上残留面积，但κ_r'过小，工件会产生振动	5°～15°
5	刃倾角（λ_s）	在切削平面中，主切削刃与基面间的夹角	影响刀头强度，控制切屑流出的方向	−5°～5°

预备理论（10%）

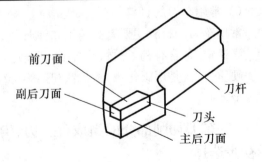

刀具组成

预备理论(10％)	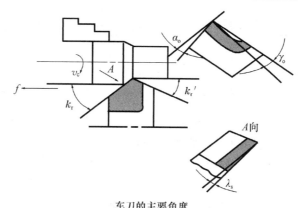 车刀的主要角度
任务过程	操作过程： (1)讲解,让学员观察车刀的几何角度。 (2)熟记车刀各几何角度的范围和角度选择原则。

任务完成评价表

	序号	项目内容	配分	学生自评分	教师评分
任务完成 质量得分 （50％）	1	判断45°和90°外圆车刀	10		
	2	判断硬质合金车刀和高速钢车刀	10		
	3	指出45°车刀的前面、前角	15		
	4	指出45°车刀的后面、后角	15		
	5	指出45°车刀的主切削刃、主偏角	10		
	6	指出45°车刀的副切削刃、副偏角	10		
	7	指出45°车刀的刀尖	10		
	8	工作态度是否端正	10		
	9	安全文明生产	10		
	合计		100		
任务过程 得分(30％)	1	准备工作	15		
	2	工位布置	15		
	3	工艺执行	15		
	4	清洁整理	15		
	5	清扫保养	15		
	6	工作纪律	25		
	合计		100		
任务反 思得分 （10％）	(1)每日一问： (2)错误项目原因分析： (3)自评与师评差别原因分析：				

任务总得分				
预备得分	任务完成质量得分	任务过程得分	反思分析得分	总得分
教师评价				
每日一练	(1)常用的车刀材料有哪些？ (2)车刀五个主要标注角度是如何定义的？各有何作用？			

模块二　刃磨车刀

车工实训任务书

项目编号：No. 02

项目名称：刃磨车刀

任务编号：2－2

任务名称：刃磨车刀

班组学号：

学生姓名：

指导教师：

布置时间：

任务名称	2-2　刃磨车刀		课时	4 小时

根据图示刃磨 45°硬质合金焊接车刀(YT15)

| 任务简介 | $\gamma_o=15°$　$\alpha_o=12°$　$\kappa_r=45°$　$\kappa_r'=45°$　$\lambda_s=0°$ | | |

	名称	材料来源	数量	图号
	45°车刀	毛坯刀	1	2-2

任务目标

终极目标:掌握刃磨 45°硬质合金焊接车刀的方法。

任务目标:(1)具有根据车刀材料选择砂轮的能力。

(2)具备正确使用砂轮机的技能。

(3)掌握刃磨 45°硬质合金焊接车刀的方法。

预备理论(10%)

一、砂轮的选择

我们应根据刀具材料正确选用砂轮。刃磨高速钢车刀时,应选用粒度为 46 号到 60 号的软或中软的氧化铝砂轮。刃磨硬质合金车刀时,应选用粒度为 60 号到 80 号的软或中软的碳化硅砂轮,两者不能搞错。砂轮的粗细以粒度表示,一般分为 36 粒、60 粒、80 粒和 120 粒等级别。粒度愈多则表示组成砂轮的磨粒愈细,反之愈粗。粗磨车刀应选用精砂轮,精磨车刀应选用细砂轮。

二、车刀的刃磨方法

序号	步骤	示意图	说明及注意事项
1	砂轮选择		磨高速钢车刀用氧化铝砂轮(白色),磨硬质合金车刀用碳化硅砂轮(绿色)

预备理论（10%）	2	磨主后刀面		先用氧化铝砂轮将刀面上的焊渣磨掉,并把车刀底面磨平,主切削刃上(便于操作者观察磨削情况)左右移动刃磨主偏角和主后角
	3	磨副后刀面		车刀放置砂轮中心线上,左右移动刃磨副偏角和副后角
	4	磨前刀面		刃磨出前角及断屑槽。磨断屑槽有两种方法:一种是向下磨,另一种是向上磨。左图为向上磨
	5	磨断屑槽		磨断屑槽有两种方法:一种是向下磨,左图为向上磨
	6	精磨后刀面		修磨后角,刀杆尾部向左偏过一个主偏角的角度,车刀接触砂轮后应作左右方向水平移动
	7	精磨副后刀面		修磨副后角,刀杆尾部向右偏过一个副偏角的角度
	8	修磨过渡刃		以左手握车刀前端为支点,用右手转动车刀的尾部

| 预备理论（10%） | 9 | 角度测量 |  | 测量刀具几何角度的量具很多,如万能角度尺、摆针式重力量角器、车刀测角仪等 |

三、车刀的检查方法

（1）目测法。观察车刀角度是否符合切削要求,刀刃是否锋利,表面是否有裂痕和其他不符合切削要求的缺陷。

（2）量角器和样板测量法。对于角度要求高的车刀,可用此法检查。

四、刃磨车刀时的注意事项

（1）车刀刃磨时,不能用力过大,以防打滑伤手。

（2）车刀高低必须控制在砂轮水平中心,刀头略向上翘,否则会出现后角过大或负后角等弊端。

（3）车刀刃磨时应作水平的左右移动,以免砂轮表面出现凹坑。

（4）在平形砂轮上磨刀时,尽可能避免磨砂轮侧面。

（5）砂轮磨削表面须经常修整,使砂轮没有明显的跳动。对平形砂轮一般可用砂轮刀在砂轮上来回修整。

（6）磨刀时要求戴防护镜。

（7）刃磨硬质合金车刀时,不可把刀头部分放入水中冷却,以防刀片突然冷却而碎裂。刃磨高速钢车刀时,应随时用水冷却,以防车刀过热退火,降低硬度。

（8）在磨刀前,要对砂轮机的防护设施进行检查。如防护罩壳是否齐全;有托架的砂轮,其托架与砂轮之间的间隙是否恰当等。

（9）重新安装砂轮后,要进行检查,经试转后方可使用。

（10）结束后,应随手关闭砂轮机电源。

| 任务过程 | 操作过程:
（1）按讲解步骤刃磨车刀的各几何角度。
（2）熟记车刀各几何角度的范围和角度选择原则。 |

任务完成评价表					
	序号	项目内容	配分	学生自评分	教师评分
任务完成质量得分（50%）	1	前角γ_o	10		
	2	主后角α_o	10		
	3	主偏角κ_r	10		
	4	副偏角κ_r'	10		
	5	刃倾角λ_s	10		
	6	刃磨车刀时的砂轮选择	10		
	7	磨刀站位与手势	10		
	8	车刀角度测量技术	10		
	9	工量具定置管理	5		
	10	团队合作精神	5		
	11	安全文明生产	10		
	合计		100		
任务过程得分（30%）	1	准备工作	15		
	2	工位布置	15		
	3	工艺执行	15		
	4	清洁整理	15		
	5	清扫保养	15		
	6	工作纪律	25		
	合计		100		
任务反思得分（10%）	(1)每日一问：				
	(2)错误项目原因分析：				
	(3)自评与师评差别原因分析：				

任务总得分				
预备得分	任务完成质量得分	任务过程得分	反思分析得分	总得分

教师评价	
每日一练	(1)刃磨车刀时如何选择砂轮？
	(2)磨过渡刃、负倒棱的作用是什么？

项目三　轴类零件的加工

模块一　光轴的加工

车工实训任务书

项目编号:No.03

项目名称:轴类零件的加工

任务编号:3—1

任务名称:光轴的加工

班组学号:

学生姓名:

指导教师:

布置时间:

| 任务名称 | 3—1　光轴的加工 | | 课时 | 10 小时 |

按图示及表格要求完成零件的加工(材料:45 钢,Φ 55×160)

其余 $\overset{12.3}{\triangledown}$

2×45°　　　6.3　　　接刀痕　　　1×45°

D

L

	D	L	R_a
1	Φ 52±0.50	155±0.50	6.3
2	Φ 50±0.30	153±0.30	6.3
3	Φ 48±0.20	151±0.20	3.2

任务目标

终极目标:掌握车削外圆、端面和倒角的方法。

任务目标:(1)掌握工件、车刀的装夹方法。

　　　　　(2)掌握车削外圆、端面和倒角的方法。

　　　　　(3)掌握测量直径、长度的方法。

　　　　　(4)了解切削用量的选择方法。

预备理论
(10%)

一、工件安装

卡爪
小锥齿轮
卡盘体
扳手插
入方孔
大锥齿轮
螺旋槽

1.用四爪卡盘装夹

由于单动卡盘的四个卡爪各自独立运动,所以工件装夹时必须将加工部分的旋转中心找正到与车床主轴旋转中心重合才可以车削。单动卡盘找正比较费时,但夹紧力较大,所以适合用于装夹大型或形状不规则的工件。单动卡盘可以装成正爪或反爪两种形式,反爪用来装夹直径比较大的工件。

2.用三爪卡盘装夹

(1)安装特点:自定心卡盘的三个卡爪是同步运动的,能自动定心,工件装夹后一般不需找正。但较长的工件离卡盘远端的旋转中心不一定与车床主轴的旋转中心重合,这时必须找正,如卡盘使用时间较长而精度下降后,工件加工部位的精度要求较高时,也必须找正。自定心卡盘装夹工件方便、省时,但夹紧力没有单动卡盘大,所以适用于装夹外形规则的中、小型工件。

(2)卡盘规格:Φ 150、Φ 200、Φ 250。

(3)卡爪种类:正爪,装夹直径较小的工件;反爪,装夹直径较大的工件。

3.用两顶尖装夹

对于较长的或必须经过多次装夹才能加工好的工件,如长轴、长丝杆等的车削,或工序较多,在车削后还要铣削或磨削加工,为了保证每次装夹时的装夹精度(如同轴度要求),可用两顶尖装夹。两顶尖装夹工件方便,不需找正,装夹精度高。

4.用一夹一顶装夹

用两顶尖装夹工件虽然精度很高,但刚性较差,影响切削用量的提高。因此,车削一般轴类工件,尤其是较重的工件,不能用两顶尖装夹,而用一夹一顶装夹用顶尖装夹工件,且必须先在工件的端面钻出中心孔。

5.工件装夹找正练习和找正的意义

(1)工件找正的意义。

找正工件就是将工件安装在卡盘上,使工件的中心与车床主轴的旋转中心取得一致,这一过程称为找正工件。

(2)找正的方法。

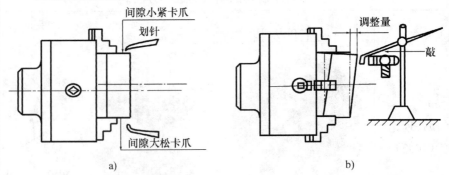

a)   b)

①目测法:工件夹在卡盘上使工件旋转,观察工件跳动情况,找出最高点,用重物敲击高点,再旋转工件,观察工件跳动情况,再敲击高点,直至工件找正为止。最后把工件夹紧,其基本程序如下:工件旋转──→观察工件跳动,找出最高点──→找正──→夹紧。一般要求最高点和最低点在1mm~2mm以内为宜。

预备理论
(10%)

②使用划针盘找正:车削余量较小的工件可以利用划针盘找正。方法如下:工件装夹后(不可过紧),用划针对准工件外圆并留有一定的间隙,转动卡盘使工件旋转,观察划针在工件圆周上的间隙,调正最大间隙和最小间隙,使其达到间隙均匀一致,最后将工件夹紧。此种方法一般找正精度在0.5mm～0.15mm 以内。

③开车找正法:在刀台上装夹一个刀杆(或硬木块),工件装夹在卡盘上(不可用力夹紧),开车是工件旋转,刀杆向工件靠近,直至把工件靠正,然后夹紧。此种方法较为简单、快捷,但必须注意工件夹紧程度,不可太紧也不可太松。

二、车刀安装

(1)刀尖对准工件的中心:中心高、试切、尾座中心。

(2)刀杆应该与进给方向垂直。

(3)车刀伸出长度一般为刀杆厚度的1～1.5 倍。

(4)至少用两个螺钉压紧车刀。

三、切削用量的选择

切削用量的选择原则,粗车和精车略有不同。

粗车:在车床动力条件允许的情况下,通常采用进刀深、进给量大、低转速的做法,以合理的时间尽快的把工件的余量去掉,因为粗车对切削表面没有严格的要求,只需留出一定的精车余量即可。由于粗车切削力较大,工件必须装夹牢靠。粗车的另一作用是可以及时的发现毛坯材料内部的缺陷,如夹渣、砂眼、裂纹等,也能消除毛坯工件内部残存的应力和防止热变形。

精车:精车是车削的末道工序,为了使工件获得准确的尺寸和规定的表面粗糙度,操作者在精车时通常把车刀修磨的锋利些,车床的转速高一些,进给量选的小一些。

(1)吃刀量(切削深度)a_p。粗车 2mm～5mm,精车 0.5mm～1mm。

(2)进给量 f。粗车 $f = 0.3$mm/r～0.8mm/r,精车 $f = 0.08$mm/r～0.3mm/r。

(3)切削速度 v。根据车刀材料、工件材料、工件直径的不同确定车床的转速 n。

四、刻度盘的使用

中滑板的刻度盘刻度值因车床型号的不同会有不同,CA6140 车床刻度值为每浆Φ 0.05mm,它用来控制直径尺寸。大滑板的刻度盘刻度值一般都为每格 1mm,小滑板的刻度盘刻度值一般都为每格 0.05mm,它们用来控制长度尺寸。注意消除空行程。

预备理论(10%)

五、工件测量

1.游标卡尺

游标卡尺的样式很多,常用的有两用游标卡尺和双面游标卡尺。以测量精度上分又有0.1mm(1/10)精度游标卡尺,0.05mm(1/2)精度游标卡尺和0.02mm(1/50)精度游标卡尺。

(1)0.1mm(1/10)精度游标卡尺刻线原理。

尺身每小格为1mm,游标刻线总长为9mm,并等分为10格,因此每格为9/10=0.9(mm),则尺身和游标相对一格之差为1−0.9=0.1(mm),所以它的测量精度为0.1mm。

(2)0.05mm(1/20)精度游标卡尺刻线原理。

尺身每小格为1mm,游标刻线总长为39mm,并等分为20格,因此每格为39/20=1.95(mm),则尺身和游标相对一格之差为2−1.95=0.05(mm),所以它的测量精度为0.05mm。

(3)0.02mm(1/50)精度游标卡尺刻线原理。

尺身每小格为1mm,游标刻线总长为49mm,并等分为50格,因此每格为49/50=0.98(mm),则尺身和游标相对之差为1−0.98=0.02(mm),所以它的测量精度为0.02mm。

(4)游标卡尺读数方法。

首先读出游标零线在尺身上多少毫米的后面,其次看游标上哪一条刻线与尺身上的刻线相对齐,把尺身上的整毫米数和游标上的小数加起来,即为测量的尺寸读数。

(5)游标卡尺的使用方法和测量范围。

游标卡尺的测量范围很广,可以测量工件外径、孔径、长度、深度以及沟槽宽度等,测量工件的姿势和方法见下图。

预备理论
（10%）

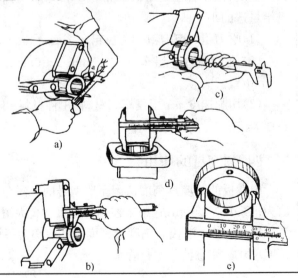

2.千分尺

千分尺(或百分尺)是生产中最常用的精密量具之一,它的测量精度一般为0.01mm,但由于测微螺杆的精度和结构上的限制,因此其移动量通常为25mm,所以常用的千分尺测量范围分别为0mm～25mm,25mm～50mm,50mm～75mm,75mm～100mm……每隔25mm为一档规格。根据用途的不同,千分尺的种类很多,有外径千分尺、内径千分尺、内测千分尺、游标千分尺、螺纹千分尺和壁厚千分尺等等,它们虽然用途不同,但都是利用测微螺杆移动的基本原理。这里主要介绍外径千分尺。

千分尺由尺架、踮座、测微螺杆、锁紧装置、固定套管、微分筒和测力装置等组成。

千分尺在测量前必须校正零位,如果零位不准,可用专用扳手调整。

(1)千分尺的工作原理。

千分尺测微螺杆的螺距为0.5mm,固定套筒上的刻线距离每格为0.5mm(分上下刻线),当微分筒转一周时,测微螺杆就移动0.5mm,微分筒上的圆周上共刻50格,因此当微分筒转一格时(1/50转),测微螺杆移动0.5/50＝0.01(mm),所以常用的千分尺的测量精度为0.01mm。

(2)千分尺的读数方法。

①先读出固定套管上露出刻线的整毫米数和半毫米数。

②看准微分筒上哪一格与固定套管基准线对齐并读出。

③把两个数加起来,即为被测工件的尺寸。

六、车削方法

1.用手动进给车削外圆、平面和倒角

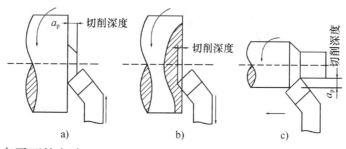

a)　　　　　　b)　　　　　　c)

(1)车平面的方法。

开动车床使工件旋转,移动小滑板或床鞍控制进刀深度,然后锁紧床鞍,摇动中滑板丝杠进给,由工件外向中心或由工件中心向外进给车削。

(2)车外圆的方法。

①移动床鞍至工件的右端,用中滑板控制进刀深度,摇动小滑板丝杠或床鞍纵向移动车削外圆,一次进给完毕,横向退刀,再纵向移动刀架或床鞍至工件右端,进行第二、第三次进给车削,直至符合图样要求为止。

左侧栏：预备理论(10%)

	②再次车削外圆时,通常要进行试切削和试测量。其具体方法是:根据工件直径余量的二分之一作横向进刀,当车刀在纵向外圆上进给 2mm 左右时,纵向快速退刀,然后停车测量(注意横向不要退刀)。如果已经符合尺寸要求,就可以直接纵向进给进行车削,否则可按上述方法继续进行试切削和试测量,直至达到要求为止。 ③为了确保外圆的车削长度,通常先采用刻线痕法,后采用测量法进行,即在车削前根据需要的长度,用钢直尺、样板或卡尺及车刀刀尖在工件的表面刻一条线痕。然后根据线痕进行车削,当车削完毕,再用钢直尺或其他工具复测。 (3)倒角的方法。 　当平面、外圆车削完毕,然后移动刀架、使车刀的切削刃与工件的外圆成 45°夹角,移动床鞍至工件的外圆和平面的相交处进行倒角,所谓 1×45° 是指倒角在外圆上的轴向距离为 1mm。 **2.机动进给车削外圆和平面** 　机动进给比手动进给有很多的优点,如操作力、进给均匀、加工后工件表面粗糙度小等。但机动进给是机械传动,操作者对车床手柄位置必须相当熟悉,否则在紧急情况下容易损坏工件或机床,使用机动进给的过程如下。 (1)纵向车外圆过程如下。 　启动机床工件旋转──→试切削──→机动进给──→纵向车外圆──→车至接近需要长度时停止进给──→改用手动进给──→车至长度尺寸──→退刀──→停车。 (2)横向车平面过程如下。 　启动机床工件旋转──→试切削──→机动进给──→横向车平面──→车至工件中心时停止进给──→改用手动进给──→车至工件中心──→退刀──→停车。 **3.接刀工件的装夹找正和车削方法** 　工件材料长度余量较少或一次装夹不能完成切削的光轴,通常采用调头装夹。再用接刀法车削,掉头接刀撤消的工件,一般表面有接刀痕迹,有损表面质量和美观。但由于找正工件是车工的基本功,因此必须认真学习。 　装夹接刀工件时,找正必须从严要求,否则会造成表面接刀偏差,直接影响工件质量,为保证接刀质量,通常要求车削工件的第一头时,车的长一些,调头装夹时,两点间的找正距离应大些。工件的第一头精车至最后一刀时,车刀不能直接碰到台阶,应稍离台阶处停刀,以防车刀碰到台阶后突然增加切削量,产生扎刀现象。调头精车时,车刀要锋利,最后一刀精车余量要小,否则工件上容易产生凹痕。
预备理论 (10%)	

4.控制两端平行度的方法

以工件先车削的一端外圆和台阶平面为基准,用划线盘找正,找正的正确与否,可在车削过程中用外径千分尺检查,如发现偏差,应从工件最薄处敲击,逐次找正。

七、注意事项

(1)工件和刀具要装夹牢固,变速时先停车。

(2)初学机动进给车削,注意力要集中,以防滑板碰撞。

(3)工件平面中心留有凸头,原因是刀尖没有对准工件中心,偏高或偏低。

(4)平面不平有凹凸,产生原因是进刀量过深、车刀磨损、滑板移动、刀架和车刀紧固力不足,产生扎刀或让刀。

(5)车外圆产生锥度,原因有以下几种:

①用小滑板手动进给车外圆时,小滑板导轨与主轴轴线不平行。

②车速过高,在切削过程中车刀磨损。

③摇动中滑板进给时,没有消除空行程。

(6)切削时应先开车,后进刀。切削完毕时先退刀后停车,否则车刀容易损坏。

(7)测量过程中的注意事项。

①使用游标卡尺测量时,测量平面要垂直于工件中心线,不许敲打卡尺或拿游标卡尺勾铁屑。

②工件转动中禁止测量。

③使用千分尺要和游标卡尺配合测量,即:卡尺量大数,千分尺量小数。

④测量时左右移动找最小尺寸,前后移动找最大尺寸,当测量头接触工件时可使用棘轮,以免造成测量误差。

⑤用前须校对“零”位,用后擦净涂油放入盒内。

⑥不要把卡尺、千分尺与其他工具、刀具混放,更不要把卡尺、千分尺当卡规使用,以免降低精度。

⑦千分尺不允许测量粗糙表面。

八、加工步骤

(1)用卡盘夹住工件外圆,长30mm左右,找正夹紧。

①车端面。

②粗、精车外圆至尺寸要求。

③倒角 1×45°。

(2)工件调头夹住外圆另一端,长30mm左右,找正夹紧。

①车端面,保证长度尺寸要求。

②粗、精车外圆至尺寸要求。

③倒角 2×45°。

(3)检查。

预备理论
(10%)

| 任务过程 | 操作过程：
(1)练习工件的装夹。
(2)按任务要求车削出零件。
(3)熟记车削各几何要素的步骤、进刀方法等。 | | | | |

任务完成评价表

	序号	项目内容	配分	学生自评分	教师评分
任务完成 质量得分 （50%）	1	外圆公差	30		
	2	外圆 $R_a6.3$	20		
	3	长度公差	10		
	4	倒角　　2处	5×2		
	5	平端面　2处	5×2		
	6	接刀痕	5		
	7	工件完整	5		
	8	安全文明操作	10		
	合计		100		
任务过程 得分（30%）	1	准备工作	15		
	2	工位布置	15		
	3	工艺执行	15		
	4	清洁整理	15		
	5	清扫保养	15		
	6	工作纪律	25		
	合计		100		
任务反 思得分 （10%）	(1)每日一问：				
	(2)错误项目原因分析：				
	(3)自评与师评差别原因分析：				

任务总得分

预备得分	任务完成质量得分	任务过程得分	反思分析得分	总得分

教师评价	

每日一练	(1)安装车刀时有哪些要求？ (2)卧式车床上工件的装夹方式有哪些？ (3)车外圆常用哪些车刀？

模块二　台阶轴的加工

车工实训任务书

项目编号:No. 03

项目名称:轴类零件的加工

任务编号:3-2

任务名称:台阶轴的加工

班组学号:

学生姓名:

指导教师:

布置时间:

任务名称	3－2 台阶轴的加工	课时	10 小时

按图示要求完成零件的加工(材料:45 钢)

	D	L	R_a
1	$\varPhi$ 45±0.05	17±0.30	3.2
2	$\varPhi$ 44±0.05	18±0.20	3.2
3	$\varPhi$ 43±0.05	19±0.10	3.2

任务目标

终极目标:掌握台阶轴的车削方法。

任务目标:(1)掌握台阶轴的车削方法。

　　　　　(2)掌握外圆、长度尺寸的控制方法。

　　　　　(3)掌握钻中心孔及一夹一顶的安装方法。

预备理论(10%)

一、台阶轴的车削方法

在同一工件上有几个直径大小不同的圆柱体连接在一起像台阶一样,就称它为台阶工件,俗称台阶为"肩胛"。台阶工件的车削,实际上就是外圆和平面车削的组合,因此在车削时必须注意兼顾外圆的尺寸精度和台阶长度的要求。

1.台阶工件的技术要求

台阶工件通常和其他零件结合使用,因此它的技术要求一般有以下几点:

(1)各档外圆之间的同轴度。

(2)外圆和台阶平面的垂直度。

(3)台阶平面的平面度。

(4)外圆和台阶平面相交处的清角。

	### 2.车刀的选择和装夹 车削台阶工件,通常使用90°外圆车刀。 车刀的装夹应根据粗、精车和余量的多少来区别,如粗车时余量多,为了增加切削深度,减少刀尖压力,车刀装夹可取主偏角小于90°为宜。精车时为了保证台阶平面和轴心线的垂直,应取主偏角大于90°。 ### 3.车削台阶工件的方法 车削台阶工件时,一般分粗精车进行,粗车时的台阶长度除第一档台阶长度略短些外(留精车余量),其余各档可车至合适长度。精车台阶工件时,通常在机动进给精车至近台阶处时,以手动进给代替机动进给,当车至平面时,变纵向进给为横向进给,移动中滑板由里向外慢慢精车台阶平面,以确保台阶平面和轴心线的垂直。 ### 4.台阶长度的测量和控制方法 车削前根据台阶的长度先用刀尖在工件表面刻线痕,然后根据线痕进行粗车,当粗车完毕后,台阶长度已经基本符合要求,在精车外圆的同时,一起控制台阶长度,其测量方法通常用钢直尺检查,如精度较高时,可用样板、游标深度尺等测量。 ### 5.工件的调头找正和车削 根据习惯的找正方法,应先找正近卡爪处工件外圆,后找正台阶处反平面,这样反复多次找正才能进行切削,当粗车完毕时,宜再进行一次复查,以防粗车时发生移位。 ## 二、钻中心孔及一夹一顶的安装方法 ### 1.中心孔的形状和作用 国家标准 GB145-85 规定中心孔有 A 型(不带护锥)、B 型(带护锥)、C 型(带螺孔)和 R 型(弧型)四种。精度要求一般的工件采用 A 型。 A 型中心孔由圆锥孔和圆柱孔两部分组成。圆锥孔的圆锥角一般为60°(重型工件用90°),它与顶尖锥面配合,起定心作用并承受工件的重量和切削力;圆柱孔可储存润滑油,并可防止顶尖头触及工件,保证顶尖锥面配合贴切,以达到正确定中心的目的。 ### 2.中心钻折断的原因及预防 钻中心孔时,由于中心钻切削部分的直径很小,承受不了过大的切削力,稍不注意,很容易折断。中心钻折断的原因有以下几点。 (1)中心钻轴线与工件旋转中心不一致,使中心钻受到一个附加力而折断。这通常是由于车床尾座偏位,或装夹中心钻的钻夹头锥柄弯曲及与尾座套筒锥孔配合不准确而引起偏位等原因造成。所以钻中心孔前必须严格找正中心钻的位置。
预备理论 （10%）	

预备理论 （10％）	（2）工件的端面没车平或中心孔处留有凸头，使中心钻不能准确地定心而折断。所以钻中心孔处的端面必须平整。 （3）切削用量选用不合适，如工件转速太低而中心钻进给太快，使中心钻折断。 （4）中心钻磨钝后强行钻入工件也易折断。因此中心钻磨损后应及时修磨或调换。 （5）没有浇注充分的切削液或没有及时清除切屑，以致切屑堵塞而折断中心钻。所以钻中心孔时必须浇注充分的切削液，并及时清除切屑。 **3.钻中心孔的方法** 先用车刀把端面车平，再用中心钻钻中心孔，中心钻安装在尾架套筒内的钻夹头中，随套筒纵向移动钻削。 **4.一夹一顶的安装方法** 前端用三爪卡盘安装，后端用顶尖安装。 ### 三、台阶轴的加工步骤 （1）用卡盘夹住工件外圆，长 30mm 左右，找正夹紧。 ①车端面。 ②粗、精车外圆至尺寸要求（用千分尺按上表练习控制外圆尺寸）。 ③倒角 2×45°。 （2）工件调头夹住外圆 Φ 42 一端，长 20mm 左右，找正夹紧。 ①车端面，保证长度尺寸要求。 ②钻中心孔（一夹一顶安装）。 ③粗、精车外圆至尺寸要求（用千分尺按上表练习控制外圆尺寸）。 ④倒角 1×45°。 （3）检查。
任务过程	操作过程： （1）按任务要求车削出零件。 （2）熟记车削各几何要素的步骤、进刀方法等。

任务完成评价表

	序号	项目内容		配分	学生自评分	教师评分
任务完成质量得分（50%）	1	外圆公差	3处	10×3		
	2	外圆 $R_a 3.2$	3处	6×3		
	3	长度公差	3处	6×3		
	4	倒角	2处	3×2		
	5	平端面	2处	4×2		
	6	清角去锐边	2处	2×2		
	7	工件完整		6		
	8	安全操作文明生产		10		
	合计			100		
任务过程得分（30%）	1	准备工作		15		
	2	工位布置		15		
	3	工艺执行		15		
	4	清洁整理		15		
	5	清扫保养		15		
	6	工作纪律		25		
	合计			100		
任务反思得分（10%）	(1)每日一问：					
	(2)错误项目原因分析：					
	(3)自评与师评差别原因分析：					

任务总得分

预备得分	任务完成质量得分	任务过程得分	反思分析得分	总得分

教师评价	

每日一练	(1)台阶长度的测量和控制方法是什么？ (2)钻中心孔的方法是什么？

模块三　车断与车槽的加工

车工实训任务书

项目编号:No. 03

项目名称:轴类零件的加工

任务编号:3—3

任务名称:车断与车槽的加工

班组学号:

学生姓名:

指导教师:

布置时间:

任务名称	3-3 车断与车槽的加工		课时	10 小时
任务简介	**按图示要求完成零件的加工(材料:45 钢)**			
任务目标	终极目标:掌握切槽和切断的方法。 任务目标:(1)掌握切槽刀和切断刀的几何参数及刃磨方法。 　　　　　(2)掌握切槽和切断的方法。 　　　　　(3)掌握外沟槽的测量方法。			

任务简介栏图示为零件加工图。

一、切断刀和车槽刀

1.切断刀

在车床上把较长的工件切断成短料或将车削完成的工件从原材料上切下这种加工方法叫切断。

切断刀的种类:

(1)高速钢切断刀。

刀头和刀杆是同一种材料锻造而成,每次切断刀损坏以后,可以通过锻打后再使用,因此比较经济,目前应用较为广泛。

(2)硬质合金切断刀。

刀头用硬质合金焊接而成,因此适宜高速切削。

(3)弹性切断刀。

为节省高速钢材料,切刀作成片状,再夹在弹簧刀杆内,这种切断刀既节省刀具材料又富有弹性,当进给过快时刀头在弹性刀杆的作用下会自动产生让刀,这样就不容易产生扎刀而折断车刀。

2.车槽刀

在工件表面上车削沟槽的方法称为车槽。车一般外槽的车槽刀的角度和形状与切断刀基本相同。车狭窄的外槽时,车槽刀的主切削刃宽度应和槽宽相等,但刀头长度只要稍大于槽深即可。

（预备理论 10%）

预备理论 （10%）	**3.切断刀的安装** 切断刀装夹是否正确对切断工件能否顺利进行切断、工件平面是否平直有直接的影响,所以切断刀的安装要求严格。安装时,刀尖要对准工件轴线,主切削刃平行于工件轴线,刀尖与工件轴线等高,两副侧偏角一定要对称相等(1°～2°),两侧刃副后角也需对称(0.5°～1°),切不可一侧为负值,以防刮伤槽的端面或折断刀头。为了增加切断刀的强度,刀杆不易伸出过长以防振动。 ## 二、切断方法 ### 1.直进法切断工件 所谓直进法是指垂直于工件轴线方向切断,这种切断方法切断效率高,但对车床刀具刃磨装夹有较高的要求,否则容易造成切断刀的折断。 ### 2.左右借刀法切断工件 在切削系统(刀具、工件、车床)刚性等不足的情况下可采用左右借刀法切断工件,这种方法是指切断刀在径向进给的同时,车刀在轴线方向反复的往返移动直至工件切断。 ### 3.反切法切断工件 反切法是指工件反转车刀反装,这种切断方法易用于较大直径工件。 ## 三、车槽的方法 车削宽度为 5mm 以下的窄槽时,可采用主切削刃的宽度等于槽宽的切槽刀,在一次横向进给中切出。车削宽度在 5mm 以上的宽槽时,一般采用先分段横向粗车,最后一次横向切削后,再进行纵向精车的加工方法。 ## 四、车槽的尺寸测量 槽的宽度和深度测量采用卡钳和钢尺配合测量,也可用游标卡尺和千分尺测量。 ## 五、容易产生的问题和注意事项 (1)被切工件的平面产生凹凸的原因: ①切断刀两侧的刀尖刃磨或磨损不一致造成让刀,因而使工件平面产生凹凸。 ②窄切断刀的主刀刃与工件轴心线有较大的夹角,左侧刀尖有磨损现象进给时在侧向切削力的作用下刀头易产生偏斜,势必产生工件平面内凹。 ③主轴轴向串动。 ④车刀安装歪斜或副刀刃没磨直。 (2)切断时产生振动的原因:

①主轴和轴承之间间隙过大。

②切断的棒料过大在离心力的作用下产生振动。

③切断刀远离支撑点。

④工件细长切断刀刃口太宽。

⑤切断时转速过高,进给量过小。

⑥切断刀伸出过长。

(3)切断刀折断的原因:

①工件装夹不牢靠,切割点远离卡盘在切削力作用下工件抬起造成刀头折断。

②切断时排屑不良,铁屑堵塞造成刀头载荷过大时刀头折断。

③切断刀的副偏角副后角磨的太大削弱了刀头强度使刀头折断。

④切断刀装夹跟工件轴心线不垂直主刀刃与轴线不等高。

⑤进给量过大切断刀前角过大。

⑥床鞍中小滑板松动,切削时产生扎刀致使切断刀折断。

(4)切割前应调整中小滑板的松紧,一般以紧为好。

(5)用高速钢刀切断工件时应浇注切削液,这样可以延长切断刀的使用寿命;用硬质合金切断工件时,中途不准停车否则刀刃易碎裂。

(6)一夹一顶或两顶尖安装工件是不能把工件直接切断的,以防切断时工件飞出伤人。

(7)用左右借刀法切断工件时,借刀速度应均匀,借刀距离要一致。

六、车削步骤

(1)夹Φ 42×40,校正,夹紧。

①车端面。

②粗、精车外圆至尺寸要求。

③倒角 2×45°。

(2)工件调头夹住外圆Φ 42 一端,长 20mm。

①车端面,保证长度尺寸要求。

②钻中心孔(一夹一顶安装)。

③粗、精车外圆至尺寸要求。

④粗、精车沟槽至尺寸要求。

⑤去毛刺、倒角 1×45°。

(3)检查。

任务过程	操作过程: (1)按任务要求车削出零件。 (2)熟记车削各几何要素的步骤、进刀方法等。

任务完成评价表

	序号	项目内容		配分	学生自评分	教师评分
任务完成质量得分（50%）	1	外圆公差	4 处	6×4		
	2	外圆 R_a3.2	4 处	3×4		
	3	外沟槽	4 处	6×4		
	4	长度公差	4 处	3×4		
	5	倒角	2 处	2×2		
	6	清角去锐边		5		
	7	平端面	2 处	2×2		
	8	中心孔		2		
	9	工件外观		5		
	10	安全文明操作		8		
	合计			100		
任务过程得分（30%）	1	准备工作		15		
	2	工位布置		15		
	3	工艺执行		15		
	4	清洁整理		15		
	5	清扫保养		15		
	6	工作纪律		25		
	合计			100		
任务反思得分（10%）	(1)每日一问：					
	(2)错误项目原因分析：					
	(3)自评与师评差别原因分析：					

任务总得分

预备得分	任务完成质量得分	任务过程得分	反思分析得分	总得分

教师评价	

每日一练	(1)车槽刀安装时有何要求？ (2)顶尖安装时能否车断工件？

项目四　锥体零件的加工

模块一　外圆锥零件的加工

车工实训任务书

项目编号：No. 04

项目名称：锥体零件的加工

任务编号：4－1

任务名称：外圆锥零件的加工

班组学号：

学生姓名：

指导教师：

布置时间：

任务名称	4-1 外圆锥零件的加工		课时	10 小时
任务简介	**按图示要求完成零件的加工(材料:45 钢,ϕ 40×150)** 其余$\sqrt{\dfrac{6.3}{}}$ 5° 42′38″ 1:5 3.2 3.2 3.2 3.2 2° 51′45″ 1:10 $\phi 30^{0}_{-0.03}$ $\phi 36^{0}_{-0.05}$ $\phi 30^{0}_{-0.03}$ 40 40 50±0.10 50±0.10 145±0.20			
任务目标	终极目标:掌握圆锥工件的加工方法。 任务目标:(1)能正确计算锥度、圆锥半角。 　　　　　(2)能根据零件的结构选择圆锥面的加工方法。 　　　　　(3)能用万能角度尺测量角度,了解用涂色法检验锥度。			
预备理论 （10%）	在机床与工具中,圆锥配合应用得很广泛。在加工圆锥时,除了对尺寸精度、形位精度和表面粗糙度有要求外,还有角度和精度要求。 **一、圆锥的基本参数** 　　(1)圆锥角 α 在通过圆锥轴线的截面内,两条素线间的夹角。车削时经常用到的是圆锥半角 $\alpha/2$。 　　(2)最大圆锥直径 D,简称大端直径。 　　(3)最小圆锥直径 d,简称小端直径。 　　(4)圆锥长度 L,最大圆锥直径与最小圆锥直径之间的轴向距离。 　　(5)锥度 C,最大圆锥直径与最小圆锥直径之差对圆锥长度之比。 $$C=(D-d)/L$$ **二、圆锥各部分尺寸计算** **1.圆锥半角 $\alpha/2$ 与其他三个参数的关系** 　　在图样上一般都标明 D、d、L。但是在车圆锥时,往往需要装动小滑板的角度,所以必须算出圆锥半角 $\alpha/2$。圆锥半角可按下面公式计算: $$\tan(\alpha/2)=(D-d)/2L$$			

其他三个参数与圆锥半角 $\alpha/2$ 的关系：

$$D=d+2L\tan(\alpha/2)$$
$$d=D-2L\tan(\alpha/2)$$
$$L=(D-d)/2\tan(\alpha/2)$$

2.锥度 C 与其他三个参数的关系

$$C=(D-d)/L$$

D、d、L 三个量与 C 的关系为

$$D=d+CL$$
$$d=D-CL$$
$$L=(D-d)/C$$

3.圆锥半角 $\alpha/2$ 与锥度 C 的关系

$$\tan(\alpha/2)=C/2$$
$$C=2\tan(\alpha/2)$$

三、车圆锥的方法

1.移动小滑板法

预备理论
（10%）

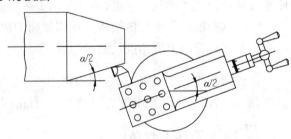

移动小滑板法车外圆锥

车较短的圆锥时,可以用装动小滑板法。车削时只要把小滑板按工件的要求转动一定的角度,使车刀的运动轨迹与所要车削的圆锥素线平行即可。这种方法操作简单,调整范围大,能保证一定的精度。

转动小滑板车圆锥体的特点：

(1)能车圆锥角度较大的工件,可超出小滑板的刻度范围。

(2)能车出整个圆锥体和圆锥孔,操作简单。

(3)只能手动进给,劳动强度大,但不易保证表面质量。

(4)受行程限制只能加工锥面不长的工件。

2.偏移尾座法

在两顶尖之间车削外圆锥时,床鞍平行于主轴轴线移动,但尾座横向偏移一段距离 s 后,工件旋转中心与纵向进给方向相交成一个角度 $\alpha/2$,因此,工件就车成了圆锥。

偏移尾座法只适宜于加工锥度较小,长度较长的外圆锥工件。

3.仿行法(靠模法)

仿行法车圆锥是刀具按照仿行装置(靠模)进给对工件进行加工的方法,适用于车削长度较长,精度要求较高的圆锥。

仿行法车圆锥的优点是调整锥度既方便又准确,因中心孔接触良好,所以锥面质量高,可机动进给车外圆锥和内圆锥。但靠模装置的角度调节范围较小,一般在12°以下。

4.宽刃刀车削法

在车削较短的圆锥时,可以用宽刃刀直接车出,宽刃刀车削法实质上是属于成型法。因此宽刃刀的切削刃必须平直,切削刃与主轴线的夹角应等于工件圆锥半角 $\alpha/2$。使用宽刃刀车圆锥时,车床必须具有很好的刚性,否则容易引起振动。当工件的圆锥斜面长度大于切削刃长度时,也可以多次接刀方法加工,但接刀处必须平整。

四、锥度的测量

1.量角器测量(适用于精度不高的圆锥表面)

根据工件角度调整量角器的安装,量角器基尺与工件端面通过中心靠平,直尺与圆锥母线接触,利用透光法检查,人视线与检测线等高,在检测线后方衬一白纸以增加透视效果,若合格即为一条均匀的白色光线。当检测线从小端到大端逐渐增宽,即锥度小,反之则大,需要调整小滑板角度。

2.套规检查(适用于较高精度锥面)

可通过感觉来判断套规与工件大小端直径的配合间隙,调整小滑板角度。在工件表面上顺着母线相隔120°而均匀地涂上三条显示剂。把套规套在工件上转动半圈之内。取下套规检查工件锥面上显示剂情况,若显示剂在圆锥大端擦去、小端未擦去,表明圆锥半角小;否则圆锥半角大。根据显示剂擦去情况调整锥度。

五、注意事项

(1)车刀应对准工件中心,以防母线不直。

(2)粗车时进刀不宜过深,应先找正锥度,以防工件车小报废。

(3)随时注意两顶尖间的松紧和前顶尖的磨损情况,以防工件飞出伤人。

(4)如果工件数量较多时,其长度和中心孔的深浅、大小必须一致。

(5)精加工锥面时, a_p 和 f 都不能太大,否则影响锥面加工质量。

(6)当车刀在中途刃磨以后装夹时,必须重新调整,使刀尖严格对准中心。

(7)用量角器检查锥度时,测量边应通过工件中心。用套轨检查时,工件表面粗糙度要小,涂色要均匀,转动一般在半圈之内,多则易造成误判。

预备理论
(10%)

预备理论（10%）	**六、加工步骤** (1)夹Φ40×40,校正,夹紧。 ①车端面。 ②粗、精车外圆至尺寸要求。 ③粗、精车外锥至尺寸要求。 ④去毛刺。 (2)工件调头夹住外圆Φ30一端。 ①车端面,保证长度尺寸要求。 ②粗、精车外圆至尺寸要求。 ③粗、精车外锥至尺寸要求。 ④去毛刺。 (3)检查。
任务过程	操作过程： (1)按任务要求车削出零件。 (2)熟记车削各几何要素的步骤、进刀方法等。

任务完成评价表

	序号	项目内容		配分	学生自评分	教师评分
任务完成质量得分（50%）	1	外圆公差	3 处	8×3		
	2	外圆 R_a3.2	3 处	4×3		
	3	锥体	2 处	10×2		
	4	锥体 R_a3.2	2 处	5×2		
	5	长度公差	3 处	3×3		
	6	清角去锐边	6 处	6		
	7	平端面	2 处	2×2		
	8	工件完整		5		
	9	安全文明操作		10		
	合计			100		
任务过程得分（30%）	1	准备工作		15		
	2	工位布置		15		
	3	工艺执行		15		
	4	清洁整理		15		
	5	清扫保养		15		
	6	工作纪律		25		
	合计			100		

任务反思得分（10%）	(1)每日一问：
	(2)错误项目原因分析：
	(3)自评与师评差别原因分析：

任务总得分				
预备得分	任务完成质量得分	任务过程得分	反思分析得分	总得分

教师评价	
每日一练	(1)车外圆锥一般有哪几种方法？ (2)车圆锥时车刀刀尖没对准工件轴线，对工件质量有什么影响？ (3)怎样检验圆锥锥度的正确性？

项目五　综合训练

模块一　综合零件的加工

车工实训任务书

项目编号：No.05

项目名称：综合训练

任务编号：5-1

任务名称：综合零件的加工

班组学号：

学生姓名：

指导教师：

布置时间：

任务名称	5-1综合零件的加工		课时	3 小时
任务简介	**按图示要求完成零件的加工(材料:45 钢,Φ50×142)**			
任务目标	终极目标:掌握简单轴类零件的加工。 任务目标:(1)掌握简单轴类零件的加工方法。 　　　　　(2)掌握简单轴类零件的测量方法。			
预备理论 （10%）	编写加工工艺:			
任务过程	操作过程: (1)在老师指导下,按任务要求写出零件加工的工艺步骤。 (2)熟练车出任务给定的零件。 (3)熟记车削各几何要素的步骤、进刀方法等。			

任务完成评价表

	序号	项目内容		配分	学生自评分	教师评分
任务完成质量得分（50%）	1	外圆公差	4处	6×4		
	2	外圆 R_a3.2	4处	4×4		
	3	锥体		10		
	4	锥体 R_a3.2		5		
	5	沟槽		8		
	6	长度公差	4处	3×4		
	7	倒角		2		
	8	清角去锐边	6处	1×6		
	9	中心孔	2处	2×2		
	10	同轴度		5		
	11	工件完整		3		
	12	安全文明操作		5		
	合计			100		
任务过程得分（30%）	1	准备工作		15		
	2	工位布置		15		
	3	工艺执行		15		
	4	清洁整理		15		
	5	清扫保养		15		
	6	工作纪律		25		
	合计			100		
任务反思得分（10%）	(1)每日一问：					
	(2)错误项目原因分析：					
	(3)自评与师评差别原因分析：					

任务总得分

预备得分	任务完成质量得分	任务过程得分	反思分析得分	总得分

教师评价	

每日一练	(1)如何保证工件的位置要求？

项目六　孔类零件的加工

模块一　钻削的加工

车工实训任务书

项目编号:No.06

项目名称:孔类零件的加工

任务编号:6-1

任务名称:钻削的加工

班组学号:

学生姓名:

指导教师:

布置时间:

任务名称	6-1 钻削的加工	课时	8 小时
任务简介	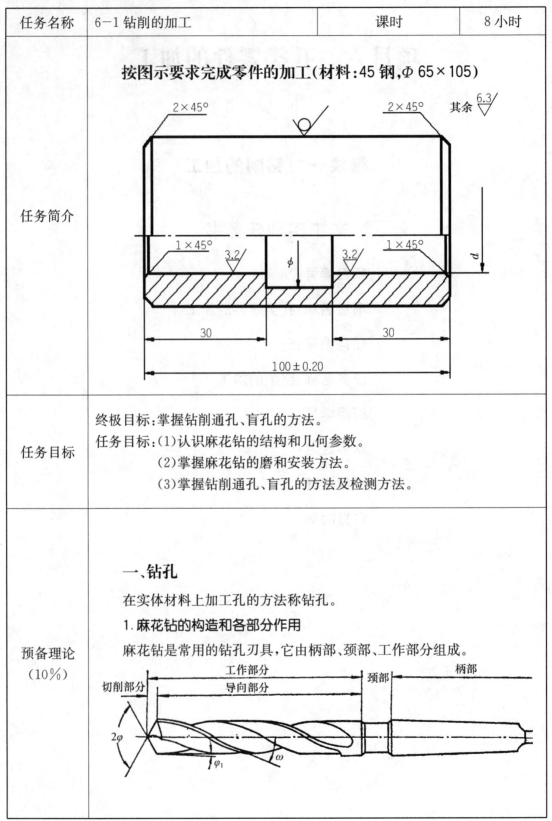		
任务目标	终极目标:掌握钻削通孔、盲孔的方法。 任务目标:(1)认识麻花钻的结构和几何参数。 　　　　　(2)掌握麻花钻的磨和安装方法。 　　　　　(3)掌握钻削通孔、盲孔的方法及检测方法。		
预备理论 （10%）	**一、钻孔** 在实体材料上加工孔的方法称钻孔。 **1.麻花钻的构造和各部分作用** 麻花钻是常用的钻孔刃具,它由柄部、颈部、工作部分组成。		

按图示要求完成零件的加工(材料:45 钢,Φ 65×105)

2×45°　　　　　　　　　　　2×45°　　其余 6.3

1×45°　3.2　　φ　　3.2　　1×45°　　　d

30　　　　　　　　　30

100±0.20

一、钻孔

在实体材料上加工孔的方法称钻孔。

1.麻花钻的构造和各部分作用

麻花钻是常用的钻孔刃具,它由柄部、颈部、工作部分组成。

工作部分　　　颈部　　柄部

切削部分　　导向部分

2φ　　φ_1　　ω

(1)柄部。分直柄和莫氏锥柄两种,其作用是:钻削时传递切削动力和钻头的夹持与定心。

(2)颈部。直径较大的钻头在颈部刻有商标、直径尺和材料牌号。

(3)工作部分。由切削部分和导向部分组成。两切削刃起切削作用。棱边起导向作用和减少摩擦作用。它的两条螺旋槽的作用是构成切削刃,排出切屑和进切削液。螺旋槽的表面即为钻头的前面。

2.麻花钻切削部分的几何角度

(1)顶角。麻花钻的两切削刃之间的夹角叫顶角,角度一般为118°。钻软材料时可取小些,钻硬材料时可取大些。

(2)横刃斜角。横刃与主切削刃之间的夹角叫顶角,通常为55°。横刃斜角的大小随刃磨后角的大小而变化。后角大,横刃斜角减小,横刃变长,钻削时周向力增大。后角小则情况反之。

(3)前角。一般为 $-30°\sim30°$,外缘处最大,靠近钻头中心处变为负前角。麻花钻的螺旋角越大,前角也越大。

(4)后角。麻花钻的后角也是变化的,外缘处最小,靠近钻头中心处的后角最大。一般为 $8°\sim12°$。

预备理论
(10%)

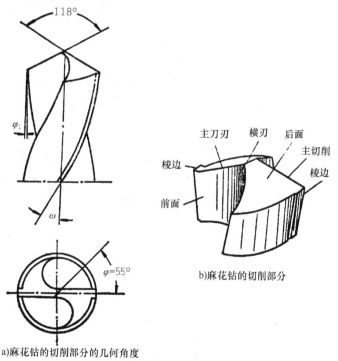

a)麻花钻的切削部分的几何角度

b)麻花钻的切削部分

3.麻花钻的一般刃磨

麻花钻刃磨的好坏,直接影响钻孔质量和钻削效率。麻花钻一般只刃磨两个主后面,并同时磨出顶角、后角、横刃斜角。所以麻花钻的刃磨比较困难,刃磨技术要求较高。

（1）刃磨要求。

麻花钻的两个主切削刃和钻心线之间的夹角应对称,刃长要相等。否则钻削时会出现单刃切削或孔径变大,及钻削时产生阶台等弊端。

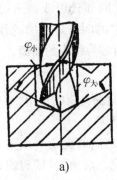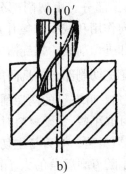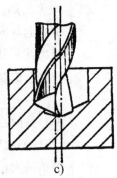

a)　　　　　　　　　　b)　　　　　　　　　　c)

（2）刃磨方法和步骤。

①刃磨前,钻头切削刃应放在砂轮中心水平面上或稍高些。钻头中心线与砂轮外圆柱面母线在水平面内的夹角等于顶角的一半,同时钻尾向下倾斜。

②钻头刃磨时用右手握住钻头前端作支点,左手握钻尾,以钻头前端支点为圆心,钻尾作上下摆动,并略带旋转;但不能转动过多,或上下摆动太大,以防磨出负后角,或把另一面主切削刃磨掉。特别是在磨小麻花钻时更应注意。

③当一个主切削刃磨削完毕后,把钻头转过180°刃磨另一个主切削刃,人和手要保持原来的位置和姿势,这样容易达到两刃对称的目的。

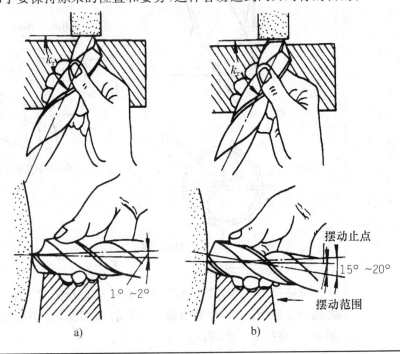

a)　　　　　　　　　　b)

4.刃磨检查

（1）用样板检查。

（2）目测法。

麻花钻磨好后，把钻头垂直竖在与眼等高的位置上，在明亮的背景下用眼观察两刃的长短、高低。但由于视差关系，往往感到左刃高，右刃低，此时要把钻头转过180°，再进行观察。这样反复观察对比，最后感到两刃基本对称就可使用。如果发现两刃有偏差，必须继续修磨。

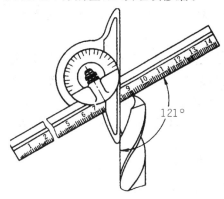

5.车床上钻孔的方法

（1）为了防止钻头产生晃动，可以在刀架上夹一挡铁，支持钻头头部，帮助钻头定中心（相当于钻套）。其方法是，先用钻头钻入工件端面（少量），然后用挡铁支顶，见钻头逐渐不晃动时，继续钻削即可，但挡铁不能把钻头顶过工件中心，否则容易折断钻头，当钻头以正确定心时，挡铁即可退出。

（2）用小麻花钻钻孔时，一般先用中心钻定心，再用钻头钻孔，这样加工的孔，同轴度较好。

（3）钻孔时切削用量的选用：钻孔时切削深度已由钻头直径确定，只能选择切削速度和进给量，它们也决定了孔壁的质量，孔径和转速成反比，钻头越大，转速越低。

（4）切削液的选用：冷却润滑作用，提高钻头寿命，提高孔的质量，一般钻削碳钢使用15％～20％乳化液，钻青铜使用7％～10％乳化液，而钻铸铁和黄铜不加切削液。

（5）钻孔前先将工件平面车平（端面），中心不能有小凸头，否则会影响定心。

（6）尾座找正，使中心钻对准工件中心，否则会将孔车大，或钻头折断。

（7）车床上钻不通孔深度的确定：在开始钻削时，摇动尾座手柄，当钻尖切入工件端面时，用钢直尺测量尾座套筒的长度来确定起始位置，即钻孔深度就是尾座套筒伸出的长度。

（8）用小直径麻花孔时，钻前必须在端面上钻出中心孔，然后再钻孔，以便于定心，且钻出的孔同轴度有保障。

预备理论
（10％）

预备理论 （10%）	(9)车床上钻较大孔时(一般指 30mm 以上)，先钻底孔再扩孔，底孔一般为 0.5～0.7 倍的孔径。 (10)对于精度要求不高时，可以用麻花钻直接钻出，而对于孔精度高时，必须经过车孔或扩孔，再铰孔完成。这时在选择底孔直径时注意精加工余量(也就是为什么钻头直径有点小，开始加工就小点的尺寸作为精加工余量)。 **6.车床上钻孔操作方法的注意事项** (1)起钻时进给量要小，等钻头切削部分全部进入工件后才可以正常钻削。 (2)钻通孔时在钻透前进给量要小，防止钻头折断。 (3)钻小孔时或钻较深孔时，必须经常清除切屑，防止因切屑过多而造成钻头折断。 (4)钻钢件须加注切削液以防钻头发热退火。 # 二、扩孔 用扩孔工具扩大孔径的方法。在车床上常用的有扩孔钻和麻花钻，一般精度的直接选用合适直径的麻花钻，而精度较高时，则选用扩孔钻。 # 三、加工步骤 (1)夹 Φ65×30，校正夹紧。 ①车端面。 ②粗、精车外圆至 Φ63×50。 ③钻中心孔。 ④钻通孔 Φ12。 ⑤扩通孔 Φ20。 ⑥倒角至尺寸要求。 (2)工件调头安装，校正夹紧。 ①车端面，保证总长至尺寸要求。 ②粗、精车外圆至 Φ63×50。 ③扩台阶孔 Φ24×30。 ④倒角至尺寸要求。 (3)检查。
任务过程	操作过程： (1)按任务要求加工出零件。 (2)看多媒体视频，了解麻花钻的几何角度。 (3)熟记加工各几何要素的步骤、进刀方法等。

任务完成评价表

	序号	项目内容		配分	学生自评分	教师评分
任务完成 质量得分 （50%）	1	内孔公差	2处	15×2		
	2	内孔 R_a12.5	2处	8×2		
	3	长度公差	3处	10×3		
	4	倒角、去毛刺		4		
	5	钻孔方法		10		
	6	工件完整		5		
	10	安全文明操作		5		
	合计			100		
任务过程 得分（30%）	1	准备工作		15		
	2	工位布置		15		
	3	工艺执行		15		
	4	清洁整理		15		
	5	清扫保养		15		
	6	工作纪律		25		
	合计			100		
任务反思 得分 （10%）	(1)每日一问：					
	(2)错误项目原因分析：					
	(3)自评与师评差别原因分析：					

任务总得分

预备得分	任务完成质量得分	任务过程得分	反思分析得分	总得分

教师评价	

每日一练	(1)麻花钻由哪几部分组成？其顶角一般为多少度？ (2)钻孔时应注意哪些问题？

模块二　销削的加工

车工实训任务书

项目编号：No.06

项目名称：孔类零件的加工

任务编号：6－2

任务名称：镗削的加工

班组学号：

学生姓名：

指导教师：

布置时间：

任务名称	6-2 镗削加工	课时	20 小时

任务简介

按图示要求完成零件的加工(材料:45 钢)

其余 $\sqrt{\dfrac{3.2}{\quad}}$

$2\times45°$ $2\times45°$

$\phi50\pm0.01$ $\phi40^{+0.027}_{0}$ $\phi45^{+0.027}_{0}$

$1\times45°$ $1\times45°$

20 ± 0.10 20 ± 0.10 20 ± 0.10

100 ± 0.20

务目标

终极目标:掌握车削内孔的方法。

任务目标:(1)掌握内孔车刀的几何参数、安装要求。

　　　　　(2)掌握车削内孔的方法。

　　　　　(3)掌握测量内孔的方法。

**预备理论
(10%)**

一、车孔

1.定义

车孔也叫镗孔,是用车削的方法扩大工件的内孔或加工空心工件的内表面叫车孔。

2.特点

(1)孔加工是在工件内部进行,观察切削情况较困难,尤其孔小且深时,根本看不见。

(2)刀柄由于受孔径的限制,不能太粗,又不能太短,往往刚度不足。

(3)排屑、冷却、测量困难。

3.车孔刀的种类以及几何角度

内孔车刀通常也叫做内孔镗刀。内孔镗刀的切削部分基本上与外圆车刀相似。只是多了一个弯头而已。根据刀片和刀杆的固定形式,镗刀分为整体式和机械夹固式。

(1)整体式镗刀。整体式镗刀一般分为高速钢和硬质合金两种。高速钢整体式镗刀的刀头、刀杆都是高速钢制成。硬质合金整体式镗刀只是在切削部分焊接上一块合金刀头片,其余部分都是用碳素钢制成,见下图。

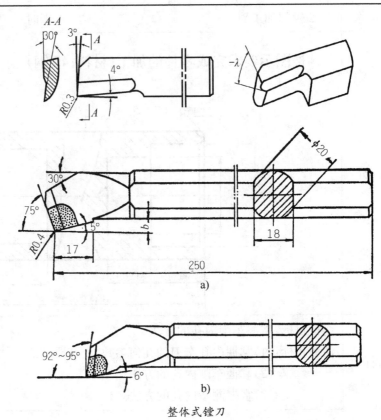

a)

b)

整体式镗刀

　　(2)机械夹固镗刀。机械夹固镗刀由刀排、小刀头、紧固螺钉组成,其特点是能增加刀杆强度、节约刀杆材料,既可安装高速钢刀头,也可安装硬质合金刀头。使用时可根据孔径选择刀排,因此比较灵活方便。

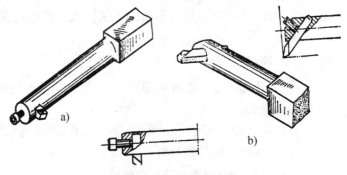

a)

b)

机械夹固镗刀

　　(3)几何角度。根据主偏角分为通孔镗刀和盲孔镗刀。

　　①通孔镗刀。其主偏角取 $45°\sim75°$,副偏角取 $10°\sim45°$,后角取 $8°\sim12°$。为了防止后面跟孔壁摩擦,也可磨成双重后角。

　　②盲孔镗刀。其主偏角取 $90°\sim93°$,副偏角取 $3°\sim6°$,后角取 $8°\sim12°$。

　　前角一般在主刀刃方向刃磨,对纵向切削有利。在轴向方向磨前角,对横向切削有利,且精车时,内孔表面比较。

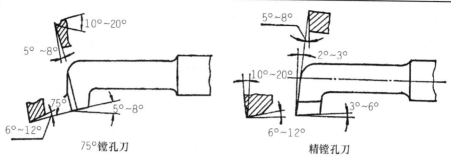

75°镗孔刀　　　　　　精镗孔刀

4.镗孔车刀的安装

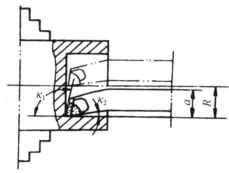

镗孔车刀安装

（1）镗孔车刀安装时，刀尖应对准工件中心或略高一些，这样可以避免镗刀受到切削压力下弯产生扎刀现象，而把孔镗大。

（2）镗刀的刀杆应与工件轴心平行，否则镗到一定深度后，刀杆后半部分会与工件孔壁相碰。

（3）为了增加镗刀刚性，防止振动，刀杆伸出长度尽可能短一些，一般比工件空深长5mm～10mm。

（4）为了确保镗孔安全，通常在镗孔前把镗刀在孔内试走一遍，这样才能保证镗孔顺利进行。

加工台阶孔时，主刀刃应和端面成3°～5°的夹角，在镗削内端面时，要求横向有足够的退刀余地。

5.车孔的关键技术

车孔的关键技术是解决内孔车刀的刚性和排屑问题。增加内孔车刀的刚性主要采取以下两项措施。

（1）尽量增加刀杆的截面积。

一般的内孔车刀有一个缺点，刀杆的截面积小于孔截面积的1/4,如果让内孔车刀的刀尖位于刀杆的中心线上,这样刀杆的截面积就可达到最大程度。

（2）刀杆的伸出长度尽可能缩短。

如果刀杆伸出太长，就会降低刀杆刚性，容易引起振动。因此，为了增加刀杆刚性，刀杆伸出长度只要略大于孔深即可。而且要求刀杆的伸长能根据孔深度加以调整。

**预备理论
（10%）**

6.切削用量的选择

切削时，由于车刀刀尖先切入工件，因此其受力较大，再加上刀尖本身强度差，所以容易碎裂。其次由于刀杆细长，在切削力的影响下，吃刀深了，容易弯曲振动。我们一般练习的孔径在 20mm～50mm 之间，切削用量可参照以下数据选择：

粗车：n　400r/min～500r/min　　精车：n　600r/min～800r/min

　　　f　0.2mm～0.3mm　　　　　　　f　0.1mm 左右

　　　a_p　1mm～3mm　　　　　　　　a_p　0.3mm 左右

7.孔的加工方法

（1）通孔。

加工方法基本与外圆相似，只是进刀方向相反。粗精车都要进行试切和试测，也就是根据余量的一半横向进给，当镗刀纵向切削至 2mm 左右时纵向退出镗刀（横向不动），然后停车试测。反复进行，直至符合孔径精度要求为止。

（2）阶台孔。

①镗削直径较小的台阶孔时，由于直接观察比较困难，尺寸不易掌握，所以通常采用先粗精车小孔，再粗精车大孔的方法进行。

②镗削大的阶台孔时在视线不受影响的情况下，通常采用先粗车大孔和小孔，再精车大孔和小孔的方法进行。

③镗削孔径大、小相差悬殊的阶台孔时，最好采用主偏角 85°左右的镗刀先进行粗镗，留余量用 90°镗刀精镗。

（3）控制长度的方法。

粗车时采用刀杆上刻线及使用床鞍刻度盘的刻线来控制等。精车时使用钢尺、深度尺配合小滑板刻度盘的刻线来控制。

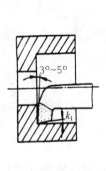

阶台孔

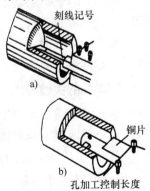

孔加工控制长度

二、测量

（1）用游标卡尺。

（2）用塞规。

（3）用内测千分尺。

（4）用内径百分表。

在内径测量杆上安装表头时，百分表的测量头和测量杆的接触量一般为 0.5mm 左右；安装测量杆上的固定测量头时，其伸出长度可以调节，一般比测量孔径大 0.2mm 左右（可以用卡尺测量）；安装完毕后用百分尺来校正零位。

①内径百分表和百分尺一样是比较精密的量具，因此测量时先用卡尺控制孔径尺寸，留余量 0.3mm～0.5mm 时再使用内径百分表，否则余量太大易损坏内径表。

②测量中，要注意百分表的读法，长指针逆时针过零为孔小，逆时针不过零为孔大。

③测量中，内径表上下摆动取最小值为实际。

④用内径表测量前，应先检查内径表指针是否复零，再检查测量头有无松动、指针动是否灵活。

⑤用内径表测量前，应先用卡尺测量，当余量为 0.3mm～0.5mm 左右时才能用内径表测量，否则易损坏。

三、注意事项

（1）加工过程中注意中滑板退刀方向与车外圆时相反。

（2）孔的内端面要平直，孔壁与内端面相交处要清角，防止出现凹坑和小台阶。

（3）精车内孔时，应保持车刀锋利。

（4）车小盲孔时，应注意排屑，否则由于铁屑阻塞，会造成车刀损坏或扎刀，把孔车废。

（5）要求学生根据余量大小合理分配切削深度，力争快准。

四、加工步骤

（1）夹 ϕ 63×50，校正夹紧。

①车台阶孔 ϕ 24×30、ϕ 26×30、ϕ 28×30、ϕ 30×30、ϕ 32×30、ϕ 34×30（用内径百分表等测量工具测量，练习控制内孔尺寸方法，以达到公差要求）。

②倒角至尺寸要求。

（2）工件调头安装，校正夹紧。

①车台阶孔 ϕ 24×40、ϕ 26×40、ϕ 28×40、ϕ 30×40 直至 ϕ 40×40（用内径百分表等测量工具测量，练习控制内孔尺寸方法，以达到公差要求）。

②车台阶孔 ϕ 42×20、ϕ 44×20、ϕ 46×20、ϕ 48×20 直至 ϕ 50×20（用内径百分表等测量工具测量，练习控制内孔尺寸方法，以达到公差要求）。

③倒角至尺寸要求。

（3）检查。

预备理论
（10%）

任务过程	操作过程: (1)按任务要求加工出零件。 (2)看多媒体视频,了解麻花钻的几何角度。 (3)熟记加工各几何要素的步骤、进刀方法等。

任务完成评价表

	序号	项目内容		配分	学生自评分	教师评分
任务完成 质量得分 (50%)	1	内孔公差	2 处	15×2		
	2	内孔 R_a 12.5	2 处	8×2		
	3	长度公差	3 处	10×3		
	4	倒角、去毛刺		4		
	5	钻孔方法		10		
	6	工件完整		5		
	10	安全文明操作		5		
	合计			100		
任务过程 得分(30%)	1	准备工作		15		
	2	工位布置		15		
	3	工艺执行		15		
	4	清洁整理		15		
	5	清扫保养		15		
	6	工作纪律		25		
	合计			100		
任务反思 得分 (10%)	(1)每日一问:					
	(2)错误项目原因分析:					
	(3)自评与师评差别原因分析:					

任务总得分

预备得分	任务完成质量得分	任务过程得分	反思分析得分	总得分

教师评价	
每日一练	(1)车孔的关键技术是什么?解决措施是什么? (2)怎样改善内孔车刀的刚性?

项目七　强化练习内孔加工

模块一　综合零件的加工

车工实训任务书

项目编号:No. 07

项目名称:强化练习内孔的加工

任务编号:7—1

任务名称:综合零件的加工

班组学号:

学生姓名:

指导教师:

布置时间:

任务名称	7-1综合零件的加工		课时	4 小时
任务简介	**按图示要求完成零件的加工(材料:45钢,Φ45×98)** 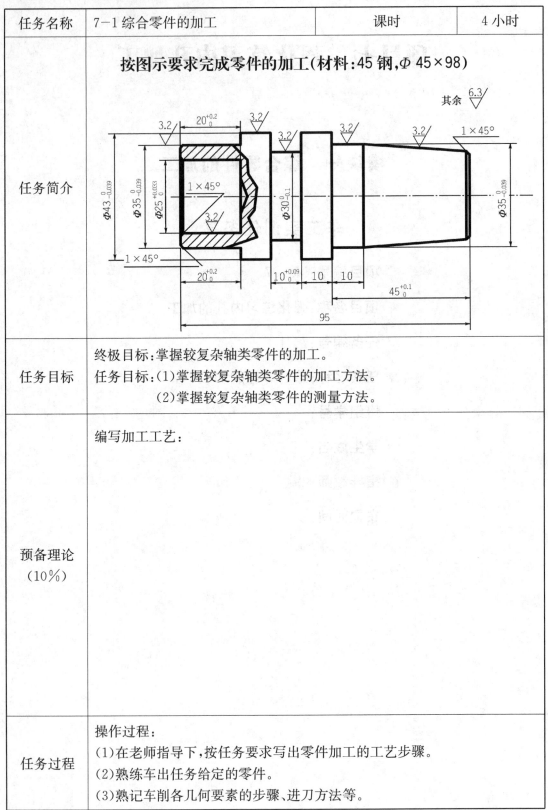			
任务目标	终极目标:掌握较复杂轴类零件的加工。 任务目标:(1)掌握较复杂轴类零件的加工方法。 　　　　　(2)掌握较复杂轴类零件的测量方法。			
预备理论 （10%）	编写加工工艺:			
任务过程	操作过程: (1)在老师指导下,按任务要求写出零件加工的工艺步骤。 (2)熟练车出任务给定的零件。 (3)熟记车削各几何要素的步骤、进刀方法等。			

任务完成评价表

	序号	项目内容	配分	学生自评分	教师评分
任务完成质量得分（50%）	1	外圆 $\Phi 43_{-0.039}^{0}$ R_a3.2　　　2 处	10×2		
	2	外圆 $\Phi 35_{-0.039}^{0}$，R_a3.2　　2 处	10×2		
	3	槽径 $\Phi 30_{-0.1}^{0}$，R_a3.2	5		
	4	内孔 $\Phi 25_{0}^{+0.033}$，R_a3.2	15		
	5	锥度 $2°\pm4'$，R_a3.2	15		
	6	长度 $20_{0}^{+0.2}$	5		
	7	长度 $10_{0}^{+0.09}$	5		
	8	长度 $45_{0}^{+0.1}$	5		
	9	长度 10,10,95	5		
	10	倒角 1×45°　　　3 处	5		
	合计		100		
任务过程得分（30%）	1	准备工作	15		
	2	工位布置	15		
	3	工艺执行	15		
	4	清洁整理	15		
	5	清扫保养	15		
	6	工作纪律	25		
	合计		100		
任务反思得分（10%）	(1)每日一问：				
	(2)错误项目原因分析：				
	(3)自评与师评差别原因分析：				

任务总得分

预备得分	任务完成质量得分	任务过程得分	反思分析得分	总得分
教师评价				

每日一练	(1)如何保证图中长度尺寸？基准是什么？
	(2)工艺步骤变化了,对工件的加工质量有何影响？

项目八　螺纹的加工

模块一　三角形外螺纹的加工

车工实训任务书

项目编号:No.08

项目名称:螺纹的加工

任务编号:8-1

任务名称:三角形外螺纹的加工

班组学号:

学生姓名:

指导教师:

布置时间:

任务名称	8—1 三角形外螺纹的加工	课时	15 小时
任务简介	**按图示要求完成零件的加工(材料:45钢,$\Phi 50 \times 148$)**		

按图示要求完成零件的加工(材料:45钢,$\Phi 50 \times 148$)

（图示：零件加工图，标注 $2-\Phi 3A$、$1\times 45°$、3.2、$2\times 45°$、3.2、3.2、3.2、$3\times 45°$、$1\times 45°$、其余 6.3，$\Phi 42_{-0.033}^{0}$、$M46\times 2$、$\Phi 48_{-0.05}^{0}$、$M46\times 2.5$、$\Phi 42_{-0.033}^{0}$，20 ± 0.10、4×1.5、65 ± 0.10、5×2、65 ± 0.10、20 ± 0.10、145 ± 0.20）

任务目标	终极目标:掌握三角形外螺纹的加工。 任务目标:(1)掌握三角形外螺纹车刀的刃磨及安装方法。 　　　　(2)能根据工件螺距,查车床进线箱铭牌螺距表及调整手柄位置。 　　　　(3)掌握车削三角形外螺纹的基本动作和操作方法。 　　　　(4)掌握测量三角形外螺纹的基本动作和操作方法。

预备理论 (10%)

一、三角形螺纹车刀

三角形螺纹的特点:螺距小、一般螺纹长度短。其基本要求是:螺纹轴向剖面必须正确、两侧表面粗糙度小;中径尺寸符合精度要求;螺纹与工件轴线保持同轴。

要车好螺纹,必须正确刃磨螺纹车刀,螺纹车刀按加工性质属于成型刀具,其切削部分的形状应当和螺纹牙型的轴向剖面形状相符合,即车刀的刀尖角应该等于牙型角。

1.三角形螺纹车刀的几何角度

(1)刀尖角应该等于牙型角。车普通螺纹时为60°,英制螺纹为55°。

(2)前角一般为0°～10°。因为螺纹车刀的纵向前角对牙型角有很大影响,所以精车时或精度要求高的螺纹,径向前角取得小一些,约0°～5°。

(3)后角一般为5°～10°。因受螺纹升角的影响,进刀方向一面的后角应磨得稍大一些。但大直径、小螺距的三角形螺纹,这种影响可忽略不计。

（图示：三角形螺纹车刀的几何角度，标注 $8°～10°$、$60°$、$10°～12°$、$15°～20°$）

三角形螺纹刀的几何角度

2.三角形螺纹车刀的刃磨

（1）刃磨要求。

①根据粗、精车的要求，刃磨出合理的前、后角。粗车刀前角大、后角小，精车刀则相反。

②车刀的左右刀刃必须是直线，无崩刃。

③刀头不歪斜，牙型半角相等。

④内螺纹车刀刀尖角平分线必须与刀杆垂直。

⑤内螺纹车刀后角应适当大些，一般磨有两个后角。

（2）刀尖角的刃磨和检查。

由于螺纹车刀刀尖角要求高、刀头体积小，因此刃磨起来比一般车刀困难。在刃磨高速钢螺纹车刀时，若感到发热烫手，必须及时用水冷却，否则容易引起刀尖退火；刃磨硬质合金车刀时，应注意刃磨顺序，一般是先将刀头后面适当粗磨，随后在刃磨两侧面，以免产生刀尖爆裂。在精磨时，应注意防止压力过大而震碎刀片，同时要防止刀具在刃磨时骤冷而损坏刀具。

为了保证磨出准确的刀尖角，在刃磨时可用螺纹角度样板测量，如下图 a)所示。测量时把刀尖角与样板贴合，对准光源，仔细观察两边贴合的间隙，并进行修磨。

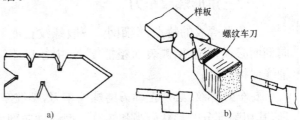

螺纹角度样板

对于具有纵向前角的螺纹车刀可以用一种厚度较厚的特制螺纹样板来测量刀尖角，如上图 b)所示。测量时样板应与车刀底面平行，用透光法检查，这样量出的角度近似等于牙型角。

3.三角形螺纹车刀的装夹

（1）装夹车刀时，刀尖一般应对准工件中心（可根据尾座顶尖高度检查）。

（2）车刀刀尖角的对称中心线必须与工件轴线垂直，装刀时可用样板来对刀，见下图 a。如果把车刀装歪，就会产生如下图 b 所示的牙型歪斜。

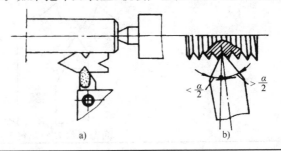

(3)刀头伸出不要过长,一般为20mm~25mm(约为刀杆厚度的1.5倍)。

二、车螺纹时车床的调整

(1)变换手柄位置:一般按工件螺距在进给箱铭牌上找到交换齿轮的齿数和手柄位置,并把手柄拨到所需的位置上。

(2)调整滑板间隙:调整中、小滑板镶条时,不能太紧,也不能太松。太紧了,摇动滑板费力,操作不灵活;太松了,车螺纹时容易产生"扎刀"。顺时针方向旋转小滑板手柄,消除小滑板丝杠与螺母的间隙。

三、三角螺纹的加工方法

三角螺纹有正扣(右旋)及反扣(左旋),即当主轴正转时,由尾座向卡盘方向车刀,加工出来的螺纹为正扣(右旋),当主轴还是正转的情况下,由卡盘向尾座方向车刀,加工出来的螺纹为反扣(左旋)。车螺纹有两种基本的操作方法:一种是用提开合螺母法车螺纹,另一种是用倒顺车法车螺纹。

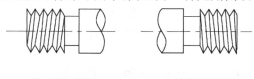

| 左旋(反扣) | 右旋(正扣) |

车制螺纹的方法

①直进法　　②斜进法　　③左右进刀法

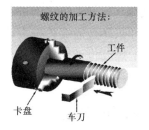

车外螺纹

四、车三角螺纹时的动作练习

(1)选择主轴转速为200r/min左右,开动车床,将主轴倒、顺转数次,然后合上开合螺母,检查丝杠与开合螺母的工作情况是否正常,若有跳动和自动抬闸现象,必须消除。

(左侧栏)
预备理论
(10%)

（2）空刀练习车螺纹的动作，选螺距2mm，长度为25mm，转速165r/min～200r/min。开车练习开合螺母的分合动作，先退刀、后提开合螺母，动作协调。

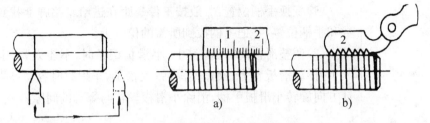

车三角螺纹

（3）试切螺纹，在外圆上根据螺纹长度，用刀尖对准，开车并径向进给，使车刀与工件轻微接触，车一条刻线作为螺纹终止退刀标记，如上图左所示，并记住中滑板刻度盘读数，后退刀。将床鞍摇至离断面8至10牙处，径向进给0.05mm左右，调整刻度盘"0"位（以便车螺纹时掌握切削深度），合下开合螺母，在工件上车一条有痕螺旋线，到螺纹终止线时迅速退刀，提起开合螺母，用钢直尺或螺距规检查螺距。

五、三角螺纹的测量和检查

（1）大径的测量：螺纹大径的公差较大，一般可用游标卡尺或千分尺。

（2）螺距的测量：螺距一般用钢板尺测量，普通螺纹的螺距较小，在测量时，根据螺距的大小，最好量2～10个螺距的长度，然后除以2～10，就得出一个螺距的尺寸。如果螺距太小，则用螺距规测量，测量时把螺距规平行于工件轴线方向嵌入牙中，如果完全符合，则螺距是正确的。

（3）中径的测量：精度较高的三角螺纹，可用螺纹千分尺测量，所测得的千分尺读数就是该螺纹的中径实际尺寸。

（4）综合测量：用螺纹环规综合检查三角形外螺纹。首先应对螺纹的直径、螺距、牙型和粗糙度进行检查，然后再用螺纹环规测量外螺纹的尺寸精度。如果环规通端拧进去，而止端拧不进，说明螺纹精度合格。对精度要求不高的螺纹也可用标准螺母检查，以拧上工件时是否顺利和松动的感觉来确定。检查有退刀槽的螺纹时，环规应通过退刀槽与台阶平面靠平。

六、注意事项

（1）车螺纹前要检查主轴手柄位置，用手旋转主轴（正、反），看是否过重或空转量过大。

（2）由于初学者操作不熟练，宜采用较低的切削速度，并注意在练习时精神要集中。

（3）车螺纹时，开合螺母必须闸到位，如感到未闸好，应立即起闸，重新进行。

预备理论
（10%）

预备理论 （10%）	（4）车螺纹时应注意不能用手去摸正在旋转的工件,更不能用棉纱去擦正在旋转的工件。 （5）车完螺纹后应提起开合螺母,并把手柄拨到纵向进刀位置,以免在开车时撞车。 （6）车螺纹应保持刀刃锋利,如中途换刀或磨刀后,必须重新对刀,并重新调整中滑板刻度。 （7）粗车螺纹时,要留适当的精车余量。 （8）精车时,应首先用最少的赶刀量车光一个侧面,把余量留给另一侧面。 **七、加工步骤** （1）夹毛坯,伸出 90mm 左右,校正夹紧。 ①车端面。 ②钻中心孔。 ③粗车各外圆,Φ49×86、Φ47×65、Φ43×20。 （2）工件调头安装,夹Φ47。 ①车端面,保证总长尺寸。 ②钻中心孔。 ③粗、精车各外圆至尺寸要求。 ④切退刀槽至尺寸要求。 ⑤倒角。 ⑥粗、精车三角形外螺纹至要求。 （3）工件调头,夹Φ42,一夹一顶安装。 ①粗、精车各外圆至尺寸要求。 ②切退刀槽至尺寸要求。 ③粗、精车三角形外螺纹至要求。 （4）检查。 注:检查完毕后,工件可采用一夹一顶安装,根据螺纹要求不同,自行设计外圆尺寸、螺纹尺寸,加工方法同上。
任务过程	操作过程: （1）在老师指导下,学习螺纹零件加工的工艺步骤。 （2）熟练车出任务给定的零件。 （3）熟记车削各几何要素的步骤、进刀方法等。

任务完成评价表

	序号	项目内容		配分	学生自评分	教师评分
任务完成质量得分（50%）	1	外圆公差	3处	5×3		
	2	外圆 R_a3.2	3处	3×3		
	3	三角螺纹	2处	10×2		
	4	螺纹 R_a3.2	2处	6×2		
	5	长度公差	5处	2×5		
	6	倒角	4处	2×4		
	7	清角去锐边	6处	1×4		
	8	退刀槽	2处	4×2		
	9	中心孔	2处	2×2		
	10	工件完整		5		
	11	安全文明操作		5		
	合计			100		
任务过程得分（30%）	1	准备工作		15		
	2	工位布置		15		
	3	工艺执行		15		
	4	清洁整理		15		
	5	清扫保养		15		
	6	工作纪律		25		
	合计			100		
任务反思得分（10%）	(1)每日一问：					
	(2)错误项目原因分析：					
	(3)自评与师评差别原因分析：					

任务总得分

预备得分	任务完成质量得分	任务过程得分	反思分析得分	总得分

教师评价	

每日一练	**一、拓展知识：高速车削三角形外螺纹** 　　工厂中普遍采用硬质合金螺纹车刀进行高速车钢件螺纹,其切削速度比高速钢车刀高 15~20 倍,进刀次数可减少 2/3 以上,生产效率可大大提高。 　　**1.车刀的选择与装夹**

（1）车刀的选择：通常选用镶有 YT15 刀片的硬质合金螺纹车刀，其刀尖角应小于螺纹牙型角 $30'\sim1°$；后角一般 $3°\sim6°$，车刀前面和后面要经过精细研磨。

（2）车刀的装夹：除了符合螺纹车刀的装夹要求外，为了防止振动和"扎刀"，刀尖应略高于工件中心，一般约高 0.1mm～0.3mm。

2.车床的调整和动作练习

（1）调整床鞍和中小滑板，使之无松动现象，小滑板应紧一些。

（2）开合螺母要灵活。

（3）机床无显著振动；车削前作空刀练习，选择 200r/min～500r/min。要求进刀、退刀、提起开合螺母动作迅速、准确、协调。

3.高速车螺纹

（1）刀方式：车削时只能用直进法。

（2）削用量的选择：切削速度一般取 50r/min～100m/min，切削深度开始大些（大部分余量在第一刀、第二刀车去），以后逐步减少，但最后一刀应不少于 0.1mm。一般高速切削螺距为 1.5mm～3mm，材料为中碳钢的螺纹时，只需 3～7 次进刀即可完成。切削过程中一般不加切削液。

例：螺距为 1.5mm、2mm，其切削深度分配如下：

$P=1.5mm$，总切削深度为 $0.65P=0.975mm$；

第一刀切深＝0.5mm；

第二刀切深＝0.35mm；

第三刀切深＝0.1mm。

$P=2mm$，总切削深度为 $0.65P=1.3mm$；

第一刀切深＝0.6mm；

第二刀切深＝0.4mm；

第三刀切深＝0.2mm；

第四刀切深＝0.1mm。

用硬质合金车刀高速车削材料为中碳钢或合金钢时，走刀次数可参考以下数据：

螺距/mm	1.5～2	3	4	5
粗车走刀次数	2～3	3～4	4～5	5～6
精车走刀次数	1	2	2	2

二、练习

（1）在 CA6140 车床上车削螺距 $P=2.5mm$ 的米制螺纹，手柄、手轮的位置应如何变换？

（2）低速车削普通外螺纹的进刀方式有哪些？

左栏：第日一练

模块二　三角形内螺纹的加工

车工实训任务书

项目编号：No. 08

项目名称：螺纹的加工

任务编号：8-2

任务名称：三角形内螺纹的加工

班组学号：

学生姓名：

指导教师：

布置时间：

| 任务名称 | 8－2 三角形内螺纹的加工 | 课时 | 15 小时 |

任务简介

按图示要求完成零件的加工(材料:45 钢,Φ50×103)

	M1	M2	Φ
1	M24×1.5	M24×2	26
2	M30×1.5	M30×2.5	32
3	M36×2	M36×3	38

任务目标

终极目标:掌握三角形内螺纹的加工。

任务目标:(1)掌握三角形内螺纹车刀的刃磨及安装方法。

(2)能根据工件螺距,查车床进线箱铭牌螺距表及调整手柄位置。

(3)掌握车削三角形内螺纹的基本动作和操作方法。

(4)掌握测量三角形内螺纹的基本动作和操作方法。

预备理论(10％)

一、三角形内螺纹车刀

1.三角形内螺纹工件形状

常见的有三种,即通孔、不通孔和台阶孔,如下图所示。其中通孔内螺纹容易加工。在加工内螺纹时,由于车削的方法和工件形状的不同,因此所选用的螺纹车刀也不相同。

a)通孔   b)不通孔   c)阶孔

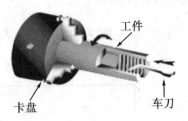

车内螺纹

2.三角形内螺纹车刀的几何形状

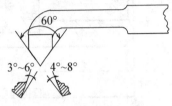

三角形内螺纹车刀的几何形状

3.三角形内螺纹车刀的选择和装夹

（1）内螺纹车刀的选择：内螺纹车刀是根据它的车法和工件材料及形状来选择的。它的尺寸大小受到螺纹孔径尺寸限制，一般内螺纹车刀的刀头径向长度应比孔径小 3mm～5mm。否则退刀时要碰伤牙顶，甚至不能车削。刀杆的大小在保证排屑的前提下，要粗壮些。

（2）车刀的刃磨和装夹：内螺纹车刀的刃磨方法和外螺纹车刀基本相同。但是刃磨刀尖时要注意它的平分线必须与刀杆垂直，否则车内螺纹时会出现刀杆碰伤内孔的现象，刀尖宽度应符合要求，一般为 0.1×螺距。

（3）在装刀时，必须严格按样板找正刀尖。否则车削后会出现倒牙现象。刀装好后，应在孔内摇动床鞍至终点检查是否碰撞。

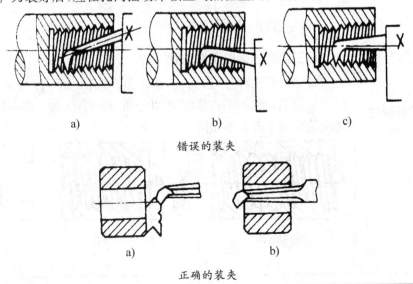

a)　　　　　　　　b)　　　　　　　　c)

错误的装夹

a)　　　　　　　　b)

正确的装夹

预备理论（10%）

二、三角形内螺纹孔径的确定

在车内螺纹时,首先要钻孔或扩孔,孔径公式一般可采用下面公式计算:

$$D_{孔} \approx d - 1.05P$$

三、车通孔内螺纹的方法

(1)车内螺纹前,先把工件的内孔、平面及倒角车好。

(2)开车空刀练习进刀、退刀动作,车内螺纹时的进刀和退刀方向和车外螺纹时相反,如下图所示练习。练习时,需在中滑板刻度圈上做好退刀和进刀。

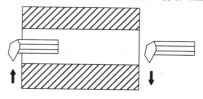

车通孔螺纹进退刀

(3)进刀切削方式和外螺纹相同,螺距小于 1.5mm 或铸铁螺纹采用直进法,螺距大于 2mm 采用左右切削法。为了改善刀杆受切削力变形,它的大部分余量应先在尾座方向上切削掉,后车另一面,最后车螺纹大径。车内螺纹时目测困难,一般根据观察排屑情况进行左右赶刀切削,并判断螺纹表面的粗糙度。

四、车盲孔或台阶孔内螺纹

(1)车退刀槽,它的直径应大于内螺纹大径,槽宽为 2~3 个螺距,并与台阶平面切平。

(2)选择盲孔车刀。

(3)根据螺纹长度加上 1/2 槽宽在刀杆上做好记号,作为退刀,开合螺母起闸之用。

(4)车削时,中滑板手柄的退刀和开合螺母起闸测动作要迅速、准确、协调,保证刀尖在槽中退刀。

五、切削用量切削液的选择

和车外三角螺纹时基本相同。

六、注意事项

(1)内螺纹车刀的两刃口要刃磨平直,否则会使车出的螺纹牙型侧面相应不直,影响螺纹精度。

预备理论
(10%)

预备理论 （10％）	（2）车刀的刀头不能太窄，否则螺纹已车到规定深度，可中径尚未达到要求尺寸。 （3）由于车刀刃磨不正确或由于装刀歪斜，会使车出的内螺纹一面正好用塞规拧进，另一面却拧不进或配合过松。 （4）车刀刀尖要对准工件中心：如车刀装的高，车削时引起振动，使工件表面产生鱼鳞斑现象；如车刀装的低，刀头下部会和工件发生摩擦，车刀切不进去。 （5）内螺纹车刀刀杆不能选择的太细，否则由于切削力的作用，引起振颤和变形，出现"扎刀"、"啃刀"、"让刀"和发出不正常的声音和振纹等现象。 （6）小滑板宜调整的紧一些，以防车削时车刀移位产生乱扣。 （7）加工盲孔内螺纹，可以在刀杆上作记号或用薄铁皮作标记，也可用床鞍刻度的刻线等来控制退刀，避免车刀碰撞工件而报废。 （8）赶刀量不宜过多，以防精车时没有余量。 （9）车内螺纹时，如发现车刀有碰撞现象，应及时对刀，以防车刀移位而损坏牙型。 （10）纹车刀要保持锋利，否则容易产生"让刀"。 （11）因"让刀"现象产生的螺纹锥形误差（检查时，只能在进口出拧进几下），不能盲目地加大切削深度，这时必须采用趟刀的方法，使车刀在原来的切刀深度位置反复车削，直至全部拧进。 （12）用螺纹塞规检查，应过端全部拧进，感觉松紧适当，止端拧不进。检查不通孔螺纹，过端拧进的长度应达到图样要求的长度。 （13）车内螺纹过程中，当工件在旋转时，不可用手摸，更不可用棉纱去擦，以免造成事故。 **七、加工步骤** （1）夹毛坯，伸出 60mm 左右，校正夹紧。 ①车端面。 ②粗、精车外圆至 Φ 48×50。 ③钻中心孔。 ④钻通孔 Φ 22。 ⑤倒角至尺寸要求。 （2）工件调头安装，夹 Φ 48×40。 ①车端面，保证总长尺寸。 ②粗、精车外圆至 Φ 48×50。 ③粗、精车内孔至内螺纹加工前底径要求。 ④切内退刀槽至尺寸要求。 ⑤倒角至尺寸要求。

	⑥粗、精车三角形内螺纹至要求。 (3)工件调头安装,夹Φ 48×40。 ①粗、精车内孔至内螺纹加工前底径要求。 ②切内退刀槽至尺寸要求。 ③倒角至尺寸要求。 ④粗、精车三角形内螺纹至要求。 (4)检查。				
任务过程	操作过程: (1)在老师指导下,学习螺纹零件加工的工艺步骤。 (2)熟练车出任务给定的零件。 (3)熟记车削各几何要素的步骤、进刀方法等。				

任务完成评价表

	序号	项目内容		配分	学生自评分	教师评分
任务完成 质量得分 (50%)	1	外圆公差	1处	5		
	2	外圆 R_a3.2	1处	5		
	3	三角螺纹	2处	15×2		
	4	螺纹 R_a3.2	2处	10×2		
	5	长度公差	3处	3×3		
	6	倒角	4处	2×4		
	7	退刀槽	1处	8		
	8	接刀印痕		5		
	9	工件完整		5		
	10	安全文明操作		5		
	合计			100		
任务过程 得分(30%)	1	准备工作		15		
	2	工位布置		15		
	3	工艺执行		15		
	4	清洁整理		15		
	5	清扫保养		15		
	6	工作纪律		25		
	合计			100		
任务反思 得分 (10%)	(1)每日一问: (2)错误项目原因分析: (3)自评与师评差别原因分析:					

任务总得分				
预备得分	任务完成质量得分	任务过程得分	反思分析得分	总得分

教师评价	
每日一练	(1)车削 M30 内螺纹前孔径是多少？ (2)普通内螺纹的检测方法是什么？

模块三　梯形外螺纹的加工

车工实训任务书

项目编号:No.08

项目名称:螺纹的加工

任务编号:8－3

任务名称:梯形外螺纹的加工

班组学号:

学生姓名:

指导教师:

布置时间:

任务名称	8-3 梯形外螺纹的加工		课时	15 小时
任务简介	按图示要求完成零件的加工(材料:45 钢,Φ 50×103) 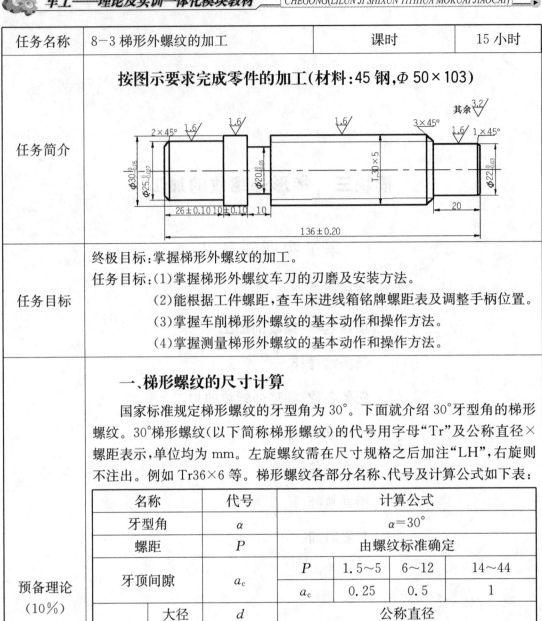			
任务目标	终极目标:掌握梯形外螺纹的加工。 任务目标:(1)掌握梯形外螺纹车刀的刃磨及安装方法。 　　　　　(2)能根据工件螺距,查车床进线箱铭牌螺距表及调整手柄位置。 　　　　　(3)掌握车削梯形外螺纹的基本动作和操作方法。 　　　　　(4)掌握测量梯形外螺纹的基本动作和操作方法。			
预备理论 (10%)	一、梯形螺纹的尺寸计算 　　国家标准规定梯形螺纹的牙型角为30°。下面就介绍30°牙型角的梯形螺纹。30°梯形螺纹(以下简称梯形螺纹)的代号用字母"Tr"及公称直径×螺距表示,单位均为 mm。左旋螺纹需在尺寸规格之后加注"LH",右旋则不注出。例如 Tr36×6 等。梯形螺纹各部分名称、代号及计算公式如下表:			

<table>
<tr><th colspan="3">名称</th><th>代号</th><th colspan="4">计算公式</th></tr>
<tr><td colspan="3">牙型角</td><td>α</td><td colspan="4">$\alpha = 30°$</td></tr>
<tr><td colspan="3">螺距</td><td>P</td><td colspan="4">由螺纹标准确定</td></tr>
<tr><td colspan="3" rowspan="2">牙顶间隙</td><td rowspan="2">a_c</td><td>P</td><td>1.5~5</td><td>6~12</td><td>14~44</td></tr>
<tr><td>a_c</td><td>0.25</td><td>0.5</td><td>1</td></tr>
<tr><td rowspan="4">外螺纹</td><td colspan="2">大径</td><td>d</td><td colspan="4">公称直径</td></tr>
<tr><td colspan="2">中径</td><td>d_2</td><td colspan="4">$d_2 = d - 0.5P$</td></tr>
<tr><td colspan="2">小径</td><td>d_3</td><td colspan="4">$d_3 = d - 2h_3$</td></tr>
<tr><td colspan="2">牙高</td><td>h_3</td><td colspan="4">$h_3 = 0.5P + a_c$</td></tr>
<tr><td rowspan="4">内螺纹</td><td colspan="2">大径</td><td>D_4</td><td colspan="4">$D_4 = d + 2a_c$</td></tr>
<tr><td colspan="2">中径</td><td>D_2</td><td colspan="4">$D_2 = d_2$</td></tr>
<tr><td colspan="2">小径</td><td>D_1</td><td colspan="4">$D_1 = d - P$</td></tr>
<tr><td colspan="2">牙高</td><td>H_4</td><td colspan="4">$H_4 = h_3$</td></tr>
<tr><td colspan="3">牙顶宽</td><td>f、f'</td><td colspan="4">$f = f' = 0.366P$</td></tr>
<tr><td colspan="3">牙槽底宽</td><td>W、W'</td><td colspan="4">$W = W' = 0.366P - 0.536a_c$</td></tr>
</table>

二、梯形螺纹车刀

车刀分粗车刀和精车刀两种。

1.梯形螺纹车刀的角度

(1)两刃夹角。粗车刀应小于牙型角,精车刀应等于牙型角。

(2)刀尖宽度。粗车刀的刀尖宽度应为1/3螺距宽。精车刀的刀尖宽应等于牙底宽减0.05mm。

(3)纵向前角。粗车刀一般为15°左右,精车刀为了保证牙型角正确,前角应等于0°,但实际生产时取5°~10°。

(4)纵向后角。一般为6°~8°。

(5)两侧刀刃后角:

$$a_1 = (3°\sim5°) + \Phi \qquad a_2 = (3°\sim5°) - \Phi$$

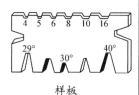

样板

2.梯形螺纹的刃磨要求

(1)用样板校对刃磨两刀刃夹角。如右图所示。

(2)有纵向前角的两刃夹角应进行修正。

(3)车刀刃口要光滑、平直、无虚刃,两侧副刀刃必须对称刀头不能歪斜。

(4)用油石研磨去各刀刃的毛刺。

3.梯形螺纹车刀的选择和装夹

(1)车刀的选择。通常采用低速车削,一般选用高速钢材料。

①高速钢梯形螺纹粗车刀。

为了便于左右切削并留有精车余量,刀头宽度应小于槽底宽 W。

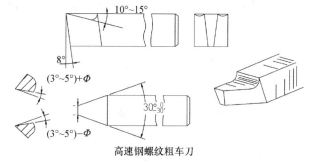

高速钢螺纹粗车刀

②高速钢梯形螺纹精车刀。

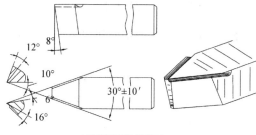

高速钢螺纹精车刀

预备理论
(10%)

车刀纵向前角 $\gamma_p = 0°$，两测切削刃之间的夹角等于牙型角。为了保证两测切削刃切削顺利，都磨有较大前角（$\gamma_0 = 10° \sim 20°$）的卷屑槽。但在使用时必须注意，车刀前端切削刃不能参加切削。

高速钢梯形螺纹车刀，能车削出精度较高和表面粗糙度较小的螺纹，但生产效率较低。

（2）车刀的装夹。

①车刀主切削刃必须与工件轴线等高（用弹性刀杆应高于轴线约 0.2mm）同时应和工件轴线平行。

②刀头的角平分线要垂直与工件的轴线。用样板找正装夹，以免产生螺纹半角误差。如下图所示。

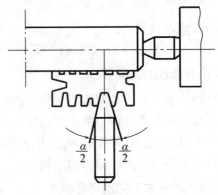

预备理论（10%）

三、工件的装夹

一般采用两顶尖或一夹一顶装夹。粗车较大螺距时，可采用四爪卡盘一夹一顶，以保证装夹牢固，同时使工件的一个台阶靠住卡盘平面，固定工件的轴向位置，以防止因切削力过大，使工件移位而车坏螺纹。

四、车床的选择和调整

（1）挑选精度较高，磨损较少的机床。

（2）正确调整机床各处间隙，对床鞍、中小滑的配合部分进行检查和调整，注意控制机床主轴的轴向窜动、径向圆跳动以及丝杠轴向窜动。

（3）选用磨损较少的交换齿轮。

五、梯形螺纹的车削方法

（1）螺距小于 4mm 和精度要求不高的工件，可用一把梯形螺纹车刀，并用少量的左右进给车削。

（2）螺距大于 4mm 和精度要求较高的梯形螺纹，一般采用分刀车削的方法。

①粗车、半精车梯形螺纹时，螺纹大径留 0.3mm 左右余量且倒角成 15°，选用刀头宽度稍小于槽低宽度的车槽刀，粗车螺纹（每边留 0.25mm ～ 0.35mm 左右的余量）。

②用梯形螺纹车刀采用左右车削法车削梯形螺纹两侧面,每边留0.1mm~0.2mm的精车余量,并车准螺纹小径尺寸,见图 a)、b)。

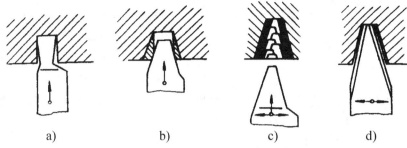

a)　　　　b)　　　　c)　　　　d)

③精车大径至图样要求(一般小于螺纹基本尺寸)。

④选用精车梯形螺纹车刀,采用左右切削法完成螺纹加工,见图 c)、d)。

六、注意事项

(1)梯形螺纹车刀两侧副切削刃应平直,否则工件牙型角不正;精车时刀刃应保持锋利,要求螺纹两侧表面粗糙度要低。

(2)调整小滑板的松紧,以防车削时车刀移位。

(3)鸡心夹头或对分夹头应夹紧工件,否则车梯形螺纹时工件容易产生移位和损坏。

(4)车梯形螺纹中途复装工件时,应保持拨杆原位,以防乱牙。

(5)工件在精车前,最好重新修正顶尖孔,以保证同轴度。

(6)在外圆上去毛刺时,最好把砂布垫在锉刀下进行。

(7)不准在开车时用棉纱擦工件,以防出现危险。

(8)车削时,为了防止因溜板箱手轮回转时不平衡,使床鞍移动时产生窜动,可去掉手柄。

(9)车梯形螺纹时以防"扎刀",建议用弹性刀杆。

七、梯形螺纹的测量方法

1.综合测量法

用标准螺纹环规综合测量。

2.三针测量法

这种方法是测量外螺纹中径的一种比较精密的方法。适用于测量一些精度要求较高、螺纹升角小于 4°的螺纹工件。测量时把三根直径相等的量针放在螺纹相对应的螺旋槽中,用千分尺量出两边量针顶点之间的距离 M。

预备理论
(10%)

| 预备理论
（10%） | 例：车 Tr32×6 梯形螺纹,用三针测量螺纹中径,求量针直径和千分尺读数值 M。 |

例：车 Tr32×6 梯形螺纹,用三针测量螺纹中径,求量针直径和千分尺读数值 M。

量针直径 $d_D = 0.518P = 301(\mathrm{mm})$

千分尺读数值 $M = d_2 + 4.864d_D - 1.866P$

$$= 29 + 4.864 \times 3.1 - 1.866 \times 6$$

$$= 29 + 15.08 - 11.20$$

$$= 32.88(\mathrm{mm})$$

测量时应考虑公差,则 $M = 32.88_{-0.118}^{0}\,\mathrm{mm}$ 为合格。三针测量法采用的量针一般是专门制造的。

3.单针测量法

这种方法的特点是只需用一根量针,放置在螺旋槽中,用千分尺量出螺纹大径与量针顶点之间的距离 $A = M + d_0/2$。

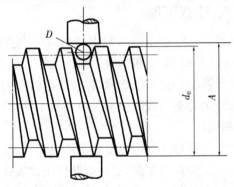

八、加工步骤

(1)夹毛坯,伸出 60mm 左右,校正夹紧。

①车端面。

②钻中心孔。

③粗车外圆至 Φ 31×56。

(2)工件调头安装,夹 Φ 31×56。

①车端面,保证总长尺寸。

②钻中心孔。

③粗车外圆至 Φ 26×26。

(3)工件调头安装,夹 Φ 26×26,一夹一顶安装。

①粗、精车外圆至尺寸要求。

②切退刀槽至尺寸要求。

③倒角至尺寸要求。

④粗、精车梯形外螺纹至尺寸要求。

(4)工件调头安装,夹 Φ 22×20,一夹一顶安装。

①粗、精车外圆至尺寸要求。

预备理论（10%）	②倒角、去毛刺至尺寸要求。 （5）检查。				
任务过程	操作过程： （1）在老师指导下,学习螺纹零件加工的工艺步骤。 （2）熟练车出任务给定的零件。 （3）熟记车削各几何要素的步骤、进刀方法等。				

任务完成评价表					
	序号	项目内容	配分	学生自评分	教师评分
任务完成质量得分（50%）	1	外圆公差　　　　3处	6×3		
	2	外圆 $R_a1.6$　　　2处	4×3		
	3	梯形螺纹 $R_a3.2$	20　10		
	4	退刀槽	5		
	5	长度公差　　　　5处	4×3		
	6	倒角　　　　　　3处	2×3		
	7	清角去锐边　　　4处	1×4		
	8	工件完整	3		
	9	安全文明操作	10		
	合计		100		
任务过程得分（30%）	1	准备工作	15		
	2	工位布置	15		
	3	工艺执行	15		
	4	清洁整理	15		
	5	清扫保养	15		
	6	工作纪律	25		
	合计		100		
任务反思得分（10%）	（1）每日一问： （2）错误项目原因分析： （3）自评与师评差别原因分析：				

任务总得分				
预备得分	任务完成质量得分	任务过程得分	反思分析得分	总得分

教师评价	
每日一练	(1)车螺纹时产生乱扣的原因是什么？如何防止？ (2)车螺纹时控制哪些直径？影响螺纹配合松紧的主要尺寸是什么？ (3)梯形螺纹中径测量方法有哪些？

项目九 综合训练

模块一 综合零件的加工

车工实训任务书

项目编号:No. 09

项目名称:综合训练

任务编号:9-1

任务名称:综合零件的加工

班组学号:

学生姓名:

指导教师:

布置时间:

任务名称	9-1综合零件的加工	课时	4 小时

任务简介	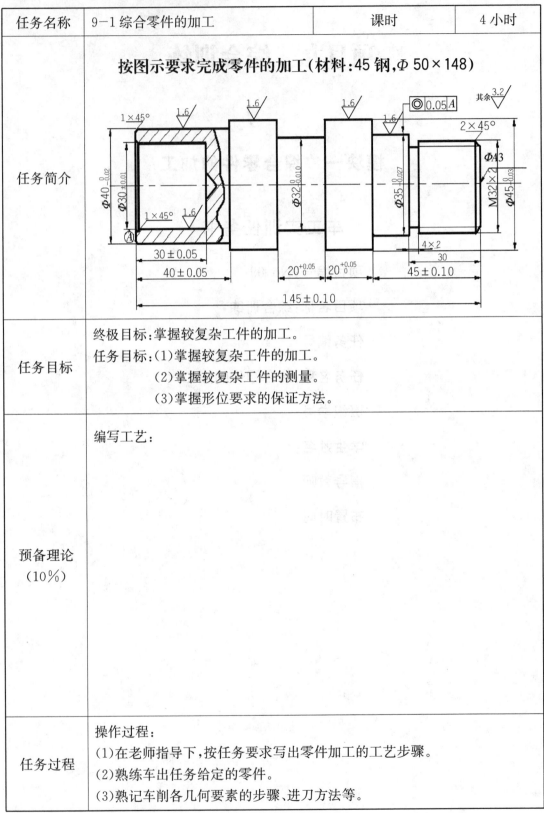

按图示要求完成零件的加工(材料:45 钢,Φ50×148)

任务目标	终极目标:掌握较复杂工件的加工。 任务目标:(1)掌握较复杂工件的加工。 　　　　　(2)掌握较复杂工件的测量。 　　　　　(3)掌握形位要求的保证方法。

预备理论 （10%）	编写工艺:

任务过程	操作过程: (1)在老师指导下,按任务要求写出零件加工的工艺步骤。 (2)熟练车出任务给定的零件。 (3)熟记车削各几何要素的步骤、进刀方法等。

任务完成评价表

	序号	项目内容		配分	学生自评分	教师评分
任务完成质量得分（50%）	1	外圆公差	3处	6×3		
	2	外圆 $R_a1.6$	3处	4×3		
	3	三角螺纹 $R_a3.2$		8　5		
	4	内孔 $R_a1.6$		8　4		
	5	外沟槽		6		
	6	退刀槽		2		
	7	长度公差		3×4		
	8	倒角清角去锐边	3处	10		
	9	中心孔		2		
	10	同轴度		4		
	11	工件完整		4		
	12	安全文明操作		5		
	合计			100		
任务过程得分（30%）	1	准备工作		15		
	2	工位布置		15		
	3	工艺执行		15		
	4	清洁整理		15		
	5	清扫保养		15		
	6	工作纪律		25		
	合计			100		
任务反思得分（10%）	(1)每日一问：					
	(2)错误项目原因分析：					
	(3)自评与师评差别原因分析：					

任务总得分

预备得分	任务完成质量得分	任务过程得分	反思分析得分	总得分

教师评价	

每日一练	(1)保证位置要求的方法有哪些？

项目十　成型面的加工

模块一　球形小轴的加工

车工实训任务书

项目编号：No. 10

项目名称：成型面的加工

任务编号：10－1

任务名称：球形小轴的加工

班组学号：

学生姓名：

指导教师：

布置时间：

任务名称	10-1 球形小轴的加工		课时	15 小时

任务简介	按图示要求完成零件的加工(材料:45 钢,Φ50×120)

次数	D	d	L
1	Φ 38±0.20	Φ 18	35.7
2	Φ 36±0.15	Φ 16	34.1
3	Φ 34±0.10	Φ 15	32.4

任务目标	终极目标:掌握成型面类零件的车削加工方法。 任务目标:(1)掌握用双手控制法车削成型面及表面修光的方法。 　　　　　(2)了解成型刀车削成型面的方法。 　　　　　(3)了解成型面的检查方法。 　　　　　(4)了解滚花的加工方法。

预备理论（10%）

一、成型面的加工方法

1. 双手控制法

用双手同时摇动中滑板手柄和大滑板手柄,并通过目测协调双手进退动作,使车刀走过的轨迹与所要求的手柄曲线相仿。

其特点是灵活方便不需要其他辅助工具,但需有较灵活的操作技术。

	左手	右手
	握大滑板手柄	握小滑板手柄
a 段	快	慢
b 段	一样快	
c 段	慢	快

车圆球面速度分析

预备理论 （10%）	**2. 成型法** 　　用成型刀具对工件进行加工的方法叫成型法。车削数量较多的成型面工件，可以用成型法。 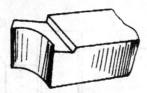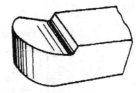 ## 二、成型面的抛光方法 　　（1）用锉刀修光。 　　（2）用砂布抛光。 ## 三、成型面的检查方法 　　（1）用游标卡尺测量。 　　（2）用千分尺测量。 　　（3）用样板测量。 ## 四、滚花的加工方法 　　（1）滚花的花纹：直纹、网纹。 　　（2）滚花刀的种类：单轮、双轮、六轮。 　　（3）滚花的方法：滚花前工件直径应车小 0.8mm～1.6mm；滚轮轴线应与工件轴线平行或倾斜 3°～5°。 ## 五、注意事项 　　（1）本课题主要培养操作者目测球型的能力和协调双手控制进给动作的技能，否则往往把球面车成橄榄形和算盘珠形。 　　（2）车削方法是由中间向两边车削，逐步将圆球面车圆整。
任务过程	操作过程： (1)在老师指导下，学习成型面零件加工的工艺步骤。 (2)熟练车出任务给定的零件。 (3)熟记车削各几何要素的步骤、进刀方法等。

<table>
<tr><th colspan="6" style="text-align:center">任务完成评价表</th></tr>
<tr><th></th><th>序号</th><th>项目内容</th><th>配分</th><th>学生自评分</th><th>教师评分</th></tr>
<tr><td rowspan="11">任务完成
质量得分
（50%）</td><td>1</td><td>外圆公差　　　　　2 处</td><td>10×2</td><td></td><td></td></tr>
<tr><td>2</td><td>外圆 R_a1.6　　　　2 处</td><td>5×2</td><td></td><td></td></tr>
<tr><td>3</td><td>滚花公差</td><td>10</td><td></td><td></td></tr>
<tr><td>4</td><td>滚花 R_a3.2</td><td>5</td><td></td><td></td></tr>
<tr><td>5</td><td>球面公差</td><td>20</td><td></td><td></td></tr>
<tr><td>6</td><td>球面 R_a3.2</td><td>5</td><td></td><td></td></tr>
<tr><td>7</td><td>长度公差　　　　　4 处</td><td>10</td><td></td><td></td></tr>
<tr><td>8</td><td>倒角清角去锐边　　3 处</td><td>10</td><td></td><td></td></tr>
<tr><td>9</td><td>工件完整</td><td>5</td><td></td><td></td></tr>
<tr><td>10</td><td>安全文明操作</td><td>5</td><td></td><td></td></tr>
<tr><td>合计</td><td></td><td>100</td><td></td><td></td></tr>
<tr><td rowspan="7">任务过程
得分（30%）</td><td>1</td><td>准备工作</td><td>15</td><td></td><td></td></tr>
<tr><td>2</td><td>工位布置</td><td>15</td><td></td><td></td></tr>
<tr><td>3</td><td>工艺执行</td><td>15</td><td></td><td></td></tr>
<tr><td>4</td><td>清洁整理</td><td>15</td><td></td><td></td></tr>
<tr><td>5</td><td>清扫保养</td><td>15</td><td></td><td></td></tr>
<tr><td>6</td><td>工作纪律</td><td>25</td><td></td><td></td></tr>
<tr><td>合计</td><td></td><td>100</td><td></td><td></td></tr>
<tr><td rowspan="3">任务反思
得分
（10%）</td><td colspan="5">(1)每日一问：</td></tr>
<tr><td colspan="5">(2)错误项目原因分析：</td></tr>
<tr><td colspan="5">(3)自评与师评差别原因分析：</td></tr>
</table>

<table>
<tr><th colspan="5" style="text-align:center">任务总得分</th></tr>
<tr><th>预备得分</th><th>任务完成质量得分</th><th>任务过程得分</th><th>反思分析得分</th><th>总得分</th></tr>
<tr><td></td><td></td><td></td><td></td><td></td></tr>
<tr><td>教师评价</td><td colspan="4"></td></tr>
<tr><td rowspan="2">每日一练</td><td colspan="4">(1)滚花有什么作用？在哪些零件上见过滚花结构？</td></tr>
<tr><td colspan="4">(2)总结球面加工的操作要点？</td></tr>
</table>

项目十一　综合训练

模块一　综合零件的加工

车工实训任务书

项目编号：No. 11

项目名称：综合训练

任务编号：11-1

任务名称：综合零件的加工

班组学号：

学生姓名：

指导教师：

布置时间：

任务名称	11-1综合零件的加工	课时	4 小时

任务简介	**按图示要求完成零件的加工(材料:45 钢,Φ60×135)**

任务目标	终极目标:掌握较复杂工件的加工。 任务目标:(1)掌握复杂工件的加工。 　　　　　(2)掌握复杂工件的测量。 　　　　　(3)掌握形位要求的保证方法。

预备理论 (10%)	编写工艺:

任务过程	操作过程: (1)在老师指导下,按任务要求写出零件加工的工艺步骤。 (2)熟练车出任务给定的零件。 (3)熟记车削各几何要素的步骤、进刀方法等。

任务完成评价表

	序号	项目内容	配分	学生自评分	教师评分
任务完成质量得分（50%）	1	$\Phi 45_{-0.062}^{0}$，$R_a\leqslant3.2$	5　2		
	2	$\Phi 40_{-0.025}^{0}$，$R_a\leqslant3.2$	6　3		
	3	$\Phi 58$	3		
	4	孔$\Phi 25_{0}^{+0.033}$，$R_a\leqslant3.2$	8　2		
	5	孔$\Phi 28$，$R_a\leqslant3.2$	4　2		
	6	孔$\Phi 16$，$R_a\leqslant6.3$	3　1		
	7	Tr大径$\Phi 40_{-0.375}^{0}$，$R_a\leqslant3.2$	2　1		
	8	Tr中径$\Phi 37_{-0.648}^{+0.118}$，$R_a\leqslant1.6$	14　6		
	9	$1:10\pm4'18''$，$R_a\leqslant3.2$	5　3		
	10	槽$8_{0}^{+0.08}\times\Phi 30$，$R_a\leqslant3.2$	6　3		
	11	$\Phi 32$，$R_a\leqslant6.3$	2　1		
	12	$R5$，$R_a\leqslant3.2$	5　3		
	13	未注公差尺寸　　　8处	1×8		
	14	$3\times45°$　　　2处	1×2		
	合计		100		
任务过程得分（30%）	1	准备工作	15		
	2	工位布置	15		
	3	工艺执行	15		
	4	清洁整理	15		
	5	清扫保养	15		
	6	工作纪律	25		
	合计		100		
任务反思得分（10%）	(1)每日一问：				
	(2)错误项目原因分析：				
	(3)自评与师评差别原因分析：				

任务总得分

预备得分	任务完成质量得分	任务过程得分	反思分析得分	总得分
教师评价				

每日一练	(1)试述此件加工难点是什么？如何解决？

项目十二　偏心工件的加工

模块一　偏心孔、轴的加工

车工实训任务书

项目编号:No.12

项目名称:偏心工件的加工

任务编号:12—1

任务名称:偏心孔、轴的加工

班组学号:

学生姓名:

指导教师:

布置时间:

任务名称	12-1 偏心孔、轴的加工	课时	20 小时

按图示要求完成零件的加工(材料:45 钢,Φ 40×150)

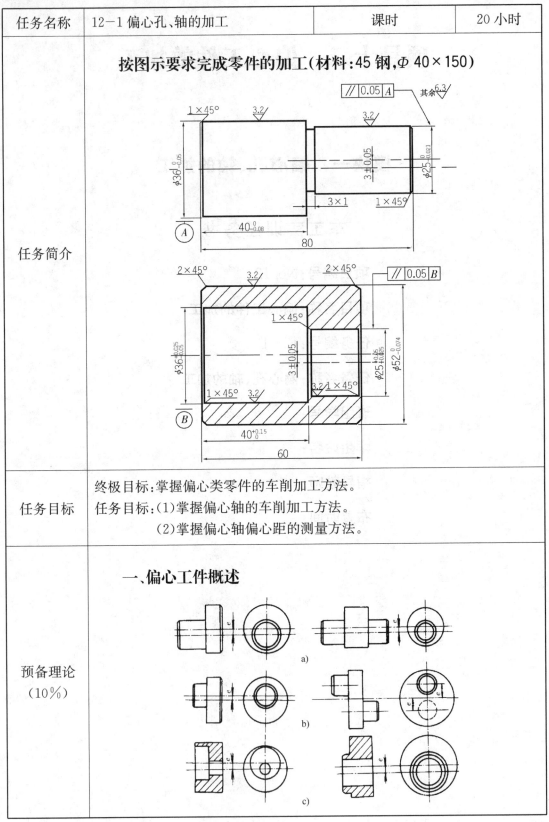

| 任务简介 | |

| 任务目标 | 终极目标:掌握偏心类零件的车削加工方法。
任务目标:(1)掌握偏心轴的车削加工方法。
　　　　　(2)掌握偏心轴偏心距的测量方法。 |

| 预备理论
(10%) | **一、偏心工件概述**

a)

b)

c) |

| 预备理论
（10%） | 偏心工件就是零件的外圆和外圆或外圆与内孔的轴线平行而不相合,偏一个距离的工件。这两条平行轴线之间的距离称为偏心距。外圆与外圆偏心的零件叫做偏心轴或偏心盘;外圆与内孔偏心的零件叫偏心套。如上图所示。

　　在机械传动中,回转运动变为往复直线运动或往复直线运动变为回转运动,一般都是利用偏心零件来完成的。例如车床床头箱用偏心工件带动的润滑泵,汽车发动机中的曲轴等。

二、偏心工件的加工

　　偏心轴、偏心套一般都是在车床上加工。它们的加工原理基本相同:主要是在装夹方面采取措施,即把需要加工的偏心部分的轴线找正到与车床主轴旋转轴线相重合。一般车偏心工件的方法有 5 种,即在三爪卡盘上车偏心工件,在四爪卡盘上车偏心工件,在两顶尖间车偏心工件,在偏心卡盘上车偏心工件,在专用夹具上车偏心工件。结合中级车工教学大纲要求和生产实习需要,本课题中我们只重点介绍前两种车偏心工件的方法。

　　为确保偏心零件使用中的工作精度,加工时其关键技术要求是控制好轴线间的平行度和偏心距精度。

1.在三爪卡盘上车偏心工件

　　长度较短的偏心工件,可以在三爪卡盘上进行车削。先把偏心工件中的非偏心部分的外圆车好,随后在卡盘任意一个卡爪与工件接处面之间,垫上一块预先选好厚度的垫片,经校正母线与偏心距,并把工件夹紧后,即可车削。

　　垫片厚度可用近似公式计算:垫片厚度 $X=1.5e$（偏心距）。若使计算更精确一些,则需在近似公式中带入偏心距修正值 k 来计算和调整垫片厚度,则近似公式为

$$X=1.5e+k;$$
$$k\approx1.5\Delta e;$$
$$\Delta e=e-e_{测}$$

式中 e ——工件偏心距;
　　k ——偏心距修正值,正负按实测结果确定;
　　Δe ——试切后实测偏心距误差;
　　$e_{测}$ ——试切后,实测偏心距。

2.在四爪卡盘上车偏心工件
以下图所示偏心轴为例,其划线及操作步骤为 |

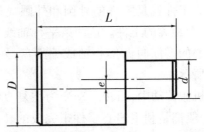

（1）把工件毛胚车成圆轴，使它的直径等于 D，长度等于 L。在轴的两端面和外圆上涂色，然后把它放在 V 形槽铁上进行划线，用高度尺（或划针盘）先在端面上和外圆上划一组与工件中心线等高的水平线，如图 a 所示。

（2）把工件转动 90°，用角尺对齐已划好的端面线，再在端面上和外圆上划另一组水平线（见下图 b）。

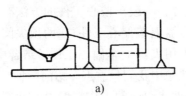

a)   b)

（3）用两角划规以偏心距 e 为半径，在工件的端面上取偏心距 e 值，作出偏心点。以偏心点为圆心，偏心圆半径为半径划出偏心圆，并用样冲在所划的线上打好样冲眼。这些样冲眼应打在线上（见下图 a），不能歪斜，否则会产生偏心距误差。

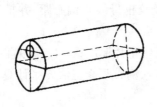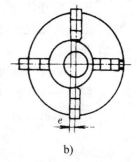

a)   b)

（4）把划好线的工件装在四爪卡盘上。在装夹时，先调节卡盘的两爪，使其呈不对称位置，另两爪成对称位置，工件偏心圆线在卡盘中央（见上图 b）。

（5）在床面上放好小平板和划针盘，针尖对准偏心圆线，校正偏心圆。然后把针尖对准外圆水平线，如上图 a 所示，自左至右检查水平线是否水平。把工件转动 90°，用同样的方法检查另一条水平线，然后紧固卡脚和复查工件装夹情况。

（6）工件校准后，把四爪再拧紧一遍，即可进行切削。在初切削时，进给量要小，切削深度要浅，等工件车圆后切削用量可以适当增加，否则就会损坏车刀或使工件移位。

预备理论
（10%）

三、注意事项

（1）选择垫片的材料应有一定硬度，以防止装夹时发生变形。垫片与卡爪脚接触面应做成圆弧面，其圆弧大小等于或小于卡爪脚圆弧，如果做成平面的，则在垫片与卡爪脚之间将会产生间隙，造成误差。

（2）为了保证偏心轴两轴线的平行度，装夹时应用百分表校正工件外圆，使外圆侧母线与车床主轴轴线平行。

（3）安装后为了校验偏心距，可用百分表（量程大于8mm）在圆周上测量，缓慢转动，观察其跳动量是否为8mm。

（4）按上述方法检查后，如偏差超出允差范围，应调整垫片厚度后方可正式车削。

（5）为可防止硬质合金刀头碎裂，车刀应有一定的刃倾角，切削深度深一些进给量小一些。

（6）由于工件偏心，在开车前车刀不能靠近工件，以防工件碰击刀尖。

（7）在三爪卡盘上车削偏心工件，一般仅适用于精度要求不很高，偏心距在10mm以下的短偏心工件。

四、偏心工件的测量

（1）两端有中心孔的偏心轴，如果偏心距较小，可在两顶尖间测量偏心距。测量时，把工件装夹在两顶尖之间，百分表的测头与偏心轴接触，手动转动偏心轴，百分表上指示出的最大值和最小值之差的一半就等于偏心距。

（2）偏心套的偏心距也可以用类似上述的方法来测量，但必须将偏心套套在心轴上，再在两顶尖之间测量。

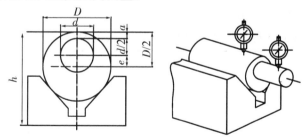

（3）偏心距较大的工件，因为受到百分表测量范围的限制，或无中心孔的偏心工件，就不能用上述方法测量。这时可用见解测量偏心距的方法（见上图），测量时把V形架放在平板上，并把工件安放在V形架中，转动偏心轴，用百分表测量出偏心轴的最高点，找出最高点后，把工件固定。再将百分表水平移动，测出偏心轴外圆到基准轴外圆之间的距离 a，然后用下式计算出偏心距 e：

$$e = (D/2) - (d/2) - a;$$

式中　　D——基准轴直径，mm；

预备理论
（10％）

预备理论 （10％）	d——偏心轴直径,mm; a——基准轴外圆到偏心轴外圆之间的最小距离,mm。 ## 五、加工步骤 （1）在三爪卡盘上夹住工件外圆,伸出长度70mm左右。 ①车端面。 ②粗、精车外圆尺寸至Φ36,长至61mm。 ③外圆倒角2×45°。 （2）工件调头安装,夹Φ36×40。 ①车端面。 ②粗、精车外圆尺寸至Φ36,长至81mm。 ③外圆倒角1×45°。 ④切断,长61mm。 ⑤车准总长60mm。 ⑥外圆倒角2×45°。 （3）工件在三爪卡盘上垫垫片装夹,校正,夹紧（垫片厚度约为4.50mm） ①车端面,保证长度尺寸。 ②粗、精车外圆尺寸至Φ25,长至40mm。 ③外圆倒角1×45°。 （4）偏心套加工工艺自拟。
任务过程	操作过程: （1）在老师指导下,掌握偏心零件加工的工艺步骤。 （2）熟练车出任务给定的零件。 （3）熟记车削各几何要素的步骤、进刀方法等。

任务完成评价表

	序号	项目内容		配分	学生自评分	教师评分
任务完成质量得分（50%）	1	外圆公差	3处	6×3		
	2	外圆 R_a3.2	3处	4×3		
	3	内孔公差	2处	6×2		
	4	内孔 R_a3.2	2处	4×2		
	5	外沟槽		5		
	6	偏心距	2处	10		
	7	长度公差	4处	10		
	8	倒角清角去锐边	6处	5		
	9	位置要求	2处	10		
	10	工件完整		5		
	11	安全文明操作		5		
	合计			100		
任务过程得分（30%）	1	准备工作		15		
	2	工位布置		15		
	3	工艺执行		15		
	4	清洁整理		15		
	5	清扫保养		15		
	6	工作纪律		25		
	合计			100		
任务反思得分（10%）	(1)每日一问：					
	(2)错误项目原因分析：					
	(3)自评与师评差别原因分析：					

任务总得分

预备得分	任务完成质量得分	任务过程得分	反思分析得分	总得分

教师评价	

每日一练	(1)用三爪卡盘进行偏心加工时,对垫片有哪些要求? (2)加工偏心工件时应注意哪些事项?

项目十三　综合训练

模块一　综合零件的加工

车工实训任务书

项目编号: No.13

项目名称: 综合训练

任务编号: 13-1

任务名称: 综合零件的加工

班组学号:

学生姓名:

指导教师:

布置时间:

车工——理论及实训一体化模块教材　　CHEGONG(LILUN JI SHIXUN YITIHUA MOKUAI JIAOCAI)

任务名称	13-1综合零件的加工		课时	4 小时

按图示要求完成零件的加工(材料:45 钢,$\Phi 60\times140$)

任务简介

任务目标	终极目标:掌握较复杂工件的加工。 任务目标:(1)掌握复杂工件的加工。 　　　　　(2)掌握复杂工件的测量。 　　　　　(3)掌握形位要求的保证方法。
预备理论 (10%)	编写工艺:
任务过程	操作过程: (1)在老师指导下,按任务要求写出零件加工的工艺步骤。 (2)熟练车出任务给定的零件。 (3)熟记车削各几何要素的步骤、进刀方法等。

118

任务完成评价表

	序号	项目	检测内容	配分 IT	Ra	检测结果
任务完成质量得分（50%）	1	外圆	$\Phi 55_{-0.025}^{0}$　　$R_a 1.6$	4	2	
	2		$\Phi 32_{-0.025}^{0}$　　$R_a 1.6$	5	2	
	3		$\Phi 30_{-0.019}^{0}$　　$R_a 1.6$	5	2	
	4		$\Phi 16_{-0.025}^{0}$　　$R_a 1.6$	4	2	
	5		$\Phi 16\pm0.035$　　$R_a 3.2$	4	1	
	6	三角螺纹	M20—6g	10		
	7	偏心距	$e=6\pm0.025$	6		
	8	锥度	$C=1:5\pm4'$　　$R_a 1.6$	8	2	
	9	球面	$S\Phi 30\pm0.1$　　$R_a 3.2$	10	2	
	10	长度	8 ± 0.03	3		
	11		$15_{-0.05}^{0}$	2		
	12		$82_{-0.15}^{0}$	2		
	13		135 ± 0.2	2		
	14		20、46	1		
	15	形位公差	$//$ 0.025 A	6		
	16	现场操作规范	工量刃具和设备的使用	5		
	17		工艺的制定	8		
	18		安全文明生产	2		
	合计			100		
任务过程得分（30%）	1	准备工作		15		
	2	工位布置		15		
	3	工艺执行		15		
	4	清洁整理		15		
	5	清扫保养		15		
	6	工作纪律		25		
	合计			100		
任务反思得分（10%）	（1）每日一问：					
	（2）错误项目原因分析：					
	（3）自评与师评差别原因分析：					

任务总得分				
预备得分	任务完成质量得分	任务过程得分	反思分析得分	总得分

教师评价	
每日一练	(1)$e=6mm$ 超量程的偏心工件如何保证加工精度？

强化篇

项目十四　综合训练

模块一　综合零件的加工

车工实训任务书

项目编号:No. 14

项目名称:综合训练

任务编号:14-1

任务名称:综合零件的加工

班组学号:

学生姓名:

指导教师:

布置时间:

任务名称	14-1　综合零件的加工		课时	3 小时

按图示要求完成零件的加工(材料:45 钢,Φ30×145)

任务简介	

任务目标	终极目标:掌握简单工件的加工。 任务目标:(1)掌握简单工件的加工。 　　　　　(2)掌握简单工件的测量。

预备理论 (10%)	编写工艺:

任务过程	操作过程: (1)在老师指导下,按任务要求写出零件加工的工艺步骤。 (2)熟练车出任务给定的零件。 (3)熟记车削各几何要素的步骤、进刀方法等。

任务完成评价表

	序号	项目内容		配分	学生自评分	教师评分
任务完成质量得分（50%）	1	外圆公差	4 处	6×4		
	2	外圆 $R_a3.2$	4 处	4×4		
	3	沟槽	2 处	8×2		
	4	锥体 $R_a3.2$	2 处	10 5		
	5	长度公差	3 处	3×3		
	6	倒角 1×45°		2		
	7	清角去锐边	3 处	0.5×8		
	8	平端面	2 处	2×2		
	9	中心孔		2		
	10	工件完整		4		
	11	安全文明操作		4		
	合计			100		
任务过程得分（30%）	1	准备工作		15		
	2	工位布置		15		
	3	工艺执行		15		
	4	清洁整理		15		
	5	清扫保养		15		
	6	工作纪律		25		
	合计			100		
任务反思得分（10%）	(1)每日一问：					
	(2)错误项目原因分析：					
	(3)自评与师评差别原因分析：					

任务总得分

预备得分	任务完成质量得分	任务过程得分	反思分析得分	总得分

教师评价	

每日一练	(1)车削为何要分粗、精加工？如何解决？

模块二　综合零件的加工

车工实训任务书

项目编号: No. 14

项目名称: 综合训练

任务编号: 14－2

任务名称: 综合零件的加工

班组学号:

学生姓名:

指导教师:

布置时间:

任务名称	14－2 综合零件的加工		课时	4 小时
任务简介	**按图示要求完成零件的加工(材料:45 钢,Φ60×70)**			
任务目标	终极目标:掌握简单工件的加工。 任务目标:(1)掌握简单工件的加工。 　　　　　(2)掌握简单工件的测量。			
预备理论 (10%)	编写工艺:			
任务过程	操作过程: (1)在老师指导下,按任务要求写出零件加工的工艺步骤。 (2)熟练车出任务给定的零件。 (3)熟记车削各几何要素的步骤、进刀方法等。			

任务完成评价表

	序号	项目	检测内容	配分	学生自评分	教师评分
任务完成质量得分（50%）	1	外圆	$\Phi 45, R_a 1.6$	10　6		
	2		$\Phi 58$	2		
	3	内孔	$\Phi 30H7, R_a 1.6$	20　10		
	4	沟槽	$\Phi 32 \times 20$	6		
	5		2×0.5	2		
	6	长度	60 ± 0.10	5		
	7		8 ± 0.05	6		
	8	倒角	$2 \times 45°$ $1 \times 45°$　　　　4处	2×4		
	9	形位公差	⟋ 0.10　⊥ 0.10　⫽ 0.10	5×3		
	10	外观	工件完整	5		
	11	安全	安全文明操作	5		
		合计		100		
任务过程得分（30%）	1	准备工作		15		
	2	工位布置		15		
	3	工艺执行		15		
	4	清洁整理		15		
	5	清扫保养		15		
	6	工作纪律		25		
		合计		100		

任务反思得分（10%）	(1)每日一问：
	(2)错误项目原因分析：
	(3)自评与师评差别原因分析：

任务总得分

预备得分	任务完成质量得分	任务过程得分	反思分析得分	总得分

教师评价	

每日一练	(1)如果此件是批量生产,如何编写工艺？

模块三　综合零件的加工

车工实训任务书

项目编号：No. 14

项目名称：综合训练

任务编号：14－3

任务名称：综合零件的加工

班组学号：

学生姓名：

指导教师：

布置时间：

任务名称	14－3综合零件的加工		课时	5 小时

按图示要求完成零件的加工(材料:45 钢,Φ50×150)

<table>
<tr><td>任务简介</td><td colspan="4">

30　2×45°
2×45°
Φ36
M34×2
5
配车
1.6
Φ48　Φ46
2×45°
10　60　10
件一

5°42′38″　1:5　◎ 0.02 A　R8　2×45°
其余 3.2▽
1.6　Φ35 -0/-0.027　Φ48　M34×2
30　10±0.10　25 0/-0.10　A
4×2
配合间隙
80
件二

</td></tr>
<tr><td>任务目标</td><td colspan="4">终极目标:掌握复杂工件的加工。
任务目标:(1)掌握复杂工件的加工。
　　　　　(2)掌握复杂工件的测量。</td></tr>
<tr><td>预备理论
(10%)</td><td colspan="4">编写工艺:</td></tr>
</table>

任务过程	操作过程： (1)在老师指导下,按任务要求写出零件加工的工艺步骤。 (2)熟练车出任务给定的零件。 (3)熟记车削各几何要素的步骤、进刀方法等。

任务完成评价表

	序号	项目内容	配分	学生自评分	教师评分
任务完成 质量得分 （50%）	1	Φ 48 滚花	1　3		
	2	Φ 46,R_a3.2	2　2		
	3	Φ 35$_{-0.025}^{0}$,R_a1.6	3　2		
	4	外锥 1:5,R_a1.6	4　3		
	5	内锥 R_a1.6	8　5		
	6	外螺纹 M34×2	4　2		
	7	内螺纹 R_a3.2	6　4		
	8	内外退刀槽	2　1		
	9	2×45°　　　　　　　　4 处	2×4		
	10	长度 25$_{-0.025}^{0}$	3		
	11	长度 60,80	2		
	12	圆弧 R8,R_a3.2	6　4		
	13	形位公差 ◎ 0.02 A	4		
	14	锥体配合着色 70%,间隙 10±0.10	3　3		
	15	螺纹配合松紧适中	5		
	16	工件完整	4		
	17	安全文明操作	5		
	合计		100		
任务过程 得分 （30%）	1	准备工作	15		
	2	工位布置	15		
	3	工艺执行	15		
	4	清洁整理	15		
	5	清扫保养	15		
	6	工作纪律	25		
	合计		100		
任务反思 得分 （10%）	(1)每日一问：				
	(2)错误项目原因分析：				
	(3)自评与师评差别原因分析：				

任务总得分				
预备得分	任务完成质量得分	任务过程得分	反思分析得分	总得分

教师评价	
每日一练	（1）如何做好内外圆锥配合？

模块四　综合零件的加工

车工实训任务书

项目编号：No. 14

项目名称：综合训练

任务编号：14－4

任务名称：综合零件的加工

班组学号：

学生姓名：

指导教师：

布置时间：

任务名称	14-4 综合零件的加工	课时	5 小时

按图示要求完成零件的加工(材料:45 钢,Φ50×90、Φ40×65)

任务简介	

任务目标	终极目标:掌握复杂工件的加工。 任务目标:(1)掌握复杂工件的加工。 　　　　　(2)掌握复杂工件的测量。

预备理论 (10%)	编写工艺:

任务过程	操作过程: (1)在老师指导下,按任务要求写出零件加工的工艺步骤。 (2)熟练车出任务给定的零件。 (3)熟记车削各几何要素的步骤、进刀方法等。

任务完成评价表

	序号	项目内容		配分	学生自评分	教师评分
任务完成得分(50%)	1	$\Phi 38_{-0.025}^{0}$,$\Phi 48_{-0.025}^{0}$	$R_a \leqslant 1.6$	10　6		
	2	$\Phi 40_{-0.5}^{0}$	$R_a \leqslant 6.3$	4　2		
	3	$\Phi 38_{-0.10}^{0}$	$R_a \leqslant 3.2$	3　2		
	4	$\Phi 22_{0}^{+0.021}$	$R_a \leqslant 1.6$	6　3		
	5	$\Phi 20$	$R_a \leqslant 6.3$	2　1		
	6	$Tr48 \times 8$,$\Phi 48_{-0.450}^{0}$	$R_a \leqslant 1.6$	3　2		
	7	$\Phi 44_{-0.648}^{+0.118}$	$R_a \leqslant 1.6$	10　6		
	8	$\Phi 38_{-0.757}^{0}$	$R_a \leqslant 3.2$	2　1		
	9	齿形角 $30°$ 倒角		2　1		
	10	1:10	$R_a 1.6$	7　4		
	11	锥体配合接触面积 65%		4		
	12	$36_{0}^{+0.021}$,$20_{-0.10}^{0}$		2　2		
	13	六处轴向尺寸		1×6		
	14	配合后端面间隙 0.1~0.5		3		
	15	$\Phi 38_{-0.025}^{0}$,$\Phi 48_{-0.025}^{0}$	$R_a \leqslant 1.6$	10　6		
	合计			100		
任务过程得分(30%)	1	准备工作		15		
	2	工位布置		15		
	3	工艺执行		15		
	4	清洁整理		15		
	5	清扫保养		15		
	6	工作纪律		25		
	合计			100		
任务反思得分(10%)	(1)每日一问:					
	(2)错误项目原因分析:					
	(3)自评与师评差别原因分析:					

任务总得分				
预备得分	任务完成质量得分	任务过程得分	反思分析得分	总得分

教师评价	
每日一练	(1)如何保证 0.1mm～0.5mm 的尺寸要求？

考级篇

项目十五　鉴定试题训练

模块一　初级技能鉴定训练

车工实训任务书

项目编号：No. 15

项目名称：鉴定试题训练

任务编号：15－1

任务名称：初级技能鉴定试题

班组学号：

学生姓名：

指导教师：

布置时间：

任务名称	15-1 初级技能鉴定训练		课时	3 小时
任务简介	**按图示要求完成零件的加工(材料:45 钢,Φ 40×145)** 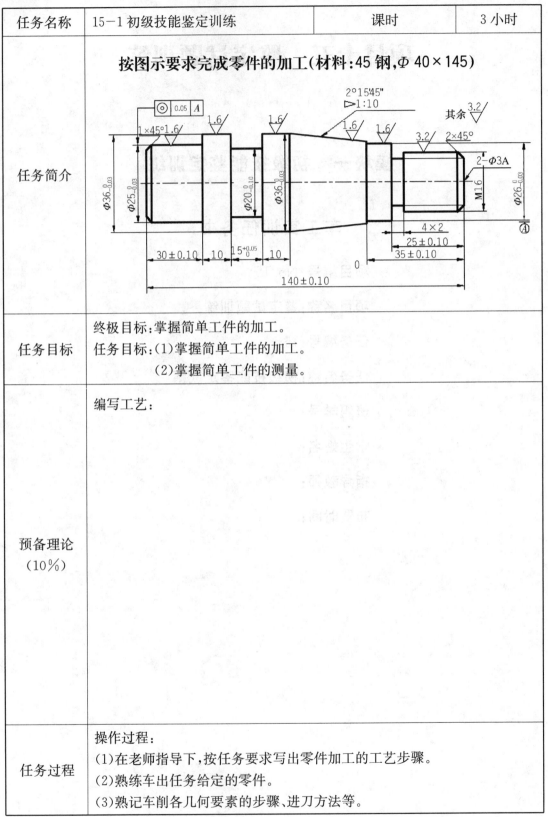			
任务目标	终极目标:掌握简单工件的加工。 任务目标:(1)掌握简单工件的加工。 　　　　　(2)掌握简单工件的测量。			
预备理论 (10%)	编写工艺:			
任务过程	操作过程: (1)在老师指导下,按任务要求写出零件加工的工艺步骤。 (2)熟练车出任务给定的零件。 (3)熟记车削各几何要素的步骤、进刀方法等。			

任务完成评价表

	序号	项目内容		配分	学生自评分	教师评分
任务完成质量得分（50％）	1	外圆公差	4处	5×4		
	2	外圆 $R_a1.6$	4处	3×4		
	3	槽公差,槽 $R_a3.2$		5　3		
	4	槽 15±0.05		6		
	5	锥 1:10, $R_a1.6$		6　4		
	6	螺纹大径公差　 $R_a3.2$　两侧		3　4		
	7	螺纹中径公差		6		
	8	长度公差	4处	2×4		
	9	长度 10	2处	1×2		
	10	倒角	2处	2×2		
	11	倒角清角去锐边	7处	1×7		
	12	同轴度		5		
	13	工件完整		2		
	14	安全文明操作		3		
	合计			100		
任务过程得分（30％）	1	准备工作		15		
	2	工位布置		15		
	3	工艺执行		15		
	4	清洁整理		15		
	5	清扫保养		15		
	6	工作纪律		25		
	合计			100		
任务反思得分（10％）	(1)每日一问:					
	(2)错误项目原因分析:					
	(3)自评与师评差别原因分析:					

任务总得分

预备得分	任务完成质量得分	任务过程得分	反思分析得分	总得分

教师评价	
每日一练	(1)如何保证图中同轴度要求?

模块二　初级技能鉴定训练

车工实训任务书

项目编号:No. 15

项目名称:鉴定试题训练

任务编号:15-2

任务名称:初级技能鉴定训练

班组学号:

学生姓名:

指导教师:

布置时间:

任务名称	15-2 初级技能鉴定训练	课时	4 小时

按图示要求完成零件的加工(材料:45 钢,ϕ 60×85)

任务简介

终极目标:掌握较复杂工件的加工。
任务目标:(1)掌握较复杂工件的加工。
　　　　　(2)掌握较复杂工件的测量。

任务目标

**预备理论
（10%）**

编写工艺:

任务过程

操作过程:
(1)在老师指导下,按任务要求写出零件加工的工艺步骤。
(2)熟练车出任务给定的零件。
(3)熟记车削各几何要素的步骤、进刀方法等。

任务完成评价表

	序号	项目内容			配分		学生自评分	教师评分
任务完成质量得分（50%）	1	$\Phi 40_{-0.025}^{0}$	$R_a 3.2$	2处	10	4		
	2	$\Phi 58$	$R_a 3.2$		1	1		
	3	M39×1.5	$R_a 3.2$		8	4		
	4	退刀槽		2处	10			
	5	端面槽		2处	2×2			
	6	内孔$\Phi 28$,$\Phi 20$	$R_a 6.3$		8	4		
	7	$\Phi 22$,$R_a 6.3$			3	2		
	8	长度80,25			2×2			
	9	锥1:10	$R_a 3.2$		8	4		
	10	倒角		4处	2×4			
	11	形位公差		2处	5×2			
	12	安全文明操作			5			
	合计				100			
任务过程得分（30%）	1	准备工作			15			
	2	工位布置			15			
	3	工艺执行			15			
	4	清洁整理			15			
	5	清扫保养			15			
	6	工作纪律			25			
	合计				100			
任务反思得分（10%）	(1)每日一问：							
	(2)错误项目原因分析：							
	(3)自评与师评差别原因分析：							

任务总得分

预备得分	任务完成质量得分	任务过程得分	反思分析得分	总得分
教师评价				
每日一练	(1)如何加工端面槽？			

模块三　中级技能鉴定试题

车工实训任务书

项目编号：No. 15

项目名称：鉴定试题训练

任务编号：15－3

任务名称：中级技能鉴定训练

班组学号：

学生姓名：

指导教师：

布置时间：

车工——理论及实训一体化模块教材 _CHEGONG(LILUN JI SHIXUN YITIHUA MOKUAI JIAOCAI)_

任务名称	15-3 中级技能鉴定训练	课时	4 小时

任务简介	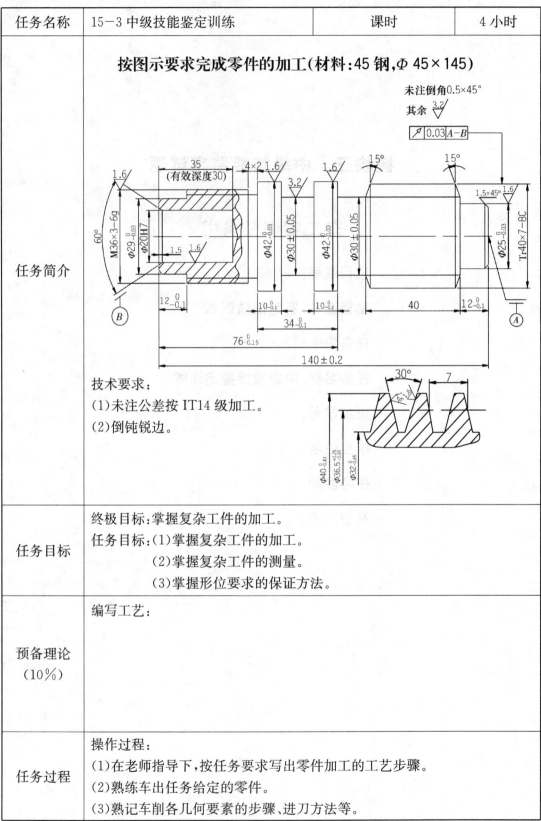 **按图示要求完成零件的加工(材料:45 钢,Φ45×145)** 技术要求： (1)未注公差按 IT14 级加工。 (2)倒钝锐边。

任务目标	终极目标:掌握复杂工件的加工。 任务目标:(1)掌握复杂工件的加工。 　　　　　(2)掌握复杂工件的测量。 　　　　　(3)掌握形位要求的保证方法。

预备理论 （10%）	编写工艺：

任务过程	操作过程： (1)在老师指导下,按任务要求写出零件加工的工艺步骤。 (2)熟练车出任务给定的零件。 (3)熟记车削各几何要素的步骤、进刀方法等。

任务完成评价表

	序号	项目	检测内容		配分		检测结果
					IT	R_a	
任务完成质量得分（50%）	1	外圆	$\Phi 42_{-0.03}^{0}$　　2处	$R_a1.6$	6	4	
	2		$\Phi 25_{-0.03}^{0}$	$R_a1.6$	6	3	
	3		$\Phi 29_{-0.03}^{0}$	$R_a1.6$	6	3	
	4	槽	$\Phi 30\pm0.05$　　2处	$R_a3.2$	6	4	
	5		4×2		3		
	6	螺纹	$\Phi 40_{-0.043}^{0}$	$R_a3.2$	2	2	
	7		$\Phi 36.5_{-0.65}^{+0.25}$	$R_a1.6$	8	4	
	8		$\Phi 32_{-0.65}^{0}$	$R_a3.2$	2	2	
	9		$M36\times3-6g$	$R_a1.6$	8	4	
	10	内孔	$\Phi 20H7$	$R_a1.6$	6	3	
	11	长度	$12_{-0.1}^{0}$　　2处		4		
	12		$10_{-0.1}^{0}$　　2处		4		
	13		$76_{-0.15}^{0},34_{-0.1}^{0}$		2	2	
	14		140 ± 0.2		4		
	15	其他	$1.5\times45°$		2		
	16	安全文明	酌情扣分				
	合计				100		
任务过程得分（30%）	1	准备工作			15		
	2	工位布置			15		
	3	工艺执行			15		
	4	清洁整理			15		
	5	清扫保养			15		
	6	工作纪律			25		
	合计				100		
任务反思得分（10%）	(1)每日一问：						
	(2)错误项目原因分析：						
	(3)自评与师评差别原因分析：						

任务总得分				
预备得分	任务完成质量得分	任务过程得分	反思分析得分	总得分

教师评价	
每日一练	(1)如何保证图中位置的加工精度？

模块四　中级技能鉴定训练

车工实训任务书

项目编号: No.15

项目名称:鉴定试题训练

任务编号:15-4

任务名称:中级技能鉴定训练

班组学号:

学生姓名:

指导教师:

布置时间:

任务名称	15-4 中级技能鉴定训练	课时	4 小时

任务简介	按图示要求完成零件的加工(材料:45 钢,Φ 45×145) 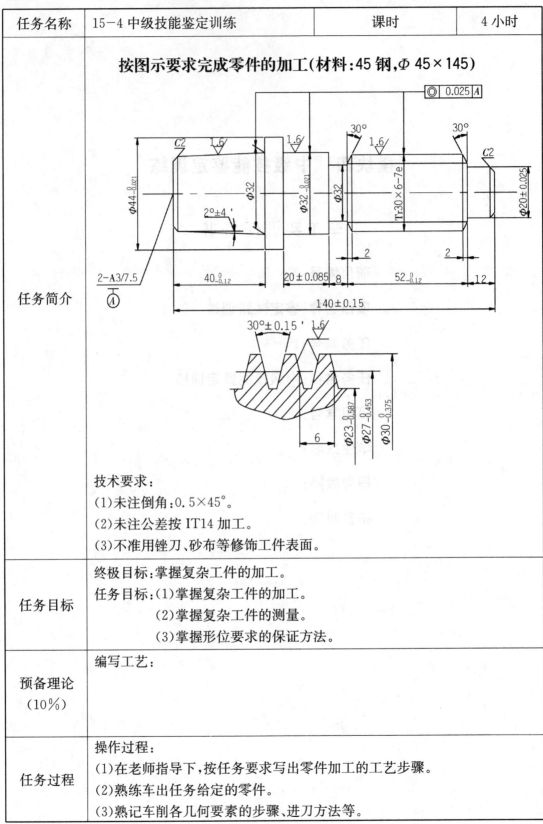 技术要求: (1)未注倒角:0.5×45°。 (2)未注公差按 IT14 加工。 (3)不准用锉刀、砂布等修饰工件表面。
任务目标	终极目标:掌握复杂工件的加工。 任务目标:(1)掌握复杂工件的加工。 　　　　　(2)掌握复杂工件的测量。 　　　　　(3)掌握形位要求的保证方法。
预备理论 (10%)	编写工艺:
任务过程	操作过程: (1)在老师指导下,按任务要求写出零件加工的工艺步骤。 (2)熟练车出任务给定的零件。 (3)熟记车削各几何要素的步骤、进刀方法等。

任务完成评价表

	序号	项目	检测内容		配分 IT	配分 R_a	检测结果
任务完成质量得分（50%）	1	外圆	$\Phi 44_{-0.021}^{0}$	$R_a 3.2$	6	1	
	2		$\Phi 32_{-0.021}^{0}$	$R_a 1.6$	8	2	
	3		$\Phi 20 \pm 0.025$	$R_a 3.2$	6	1	
	4		$\Phi 32$			1	
	5		$\Phi 22$	$R_a 3.2$	2	1	
	6	锥度	$2° \pm 4'$	$R_a 1.6$		6	
	7	梯形螺纹	$\Phi 30_{-0.375}^{0}$	$R_a 1.6$		2	
	8		$\Phi 27_{-0.453}^{0}$	$R_a 1.6$	12	10	
	9		$\Phi 23_{-0.587}^{0}$	$R_a 3.2$		2	
	10		$30° \pm 15'$			5	
	11	长度	20 ± 0.085			2	
	12		$40_{-0.12}^{0}$			2	
	13		$52_{-0.12}^{0}$			2	
	14		140 ± 0.15			3	
	15		$8, 12$			2	
	16	倒角	$C2$			1	
	17	形位公差	◎ 0.025 A			8	
	18	现场操作规范	工、量、刃具和设备的使用			5	
	19		工艺的制定			8	
	20		安全文明生产			2	
	合计					100	
任务过程得分（30%）	1	准备工作				15	
	2	工位布置				15	
	3	工艺执行				15	
	4	清洁整理				15	
	5	清扫保养				15	
	6	工作纪律				25	
	合计					100	

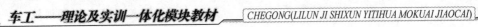

任务反思 得分(10%)	(1)每日一问：			
	(2)错误项目原因分析：			
	(3)自评与师评差别原因分析：			
任务总得分				
预备得分	任务完成质量得分	任务过程得分	反思分析得分	总得分
教师评价				
每日一练	(1)如何控制图中长度尺寸的加工精度？			

模块五 中级技能鉴定试题

车工实训任务书

项目编号：No. 15

项目名称：鉴定试题训练

任务编号：15－5

任务名称：中级技能鉴定训练

班组学号：

学生姓名：

指导教师：

布置时间：

任务名称	15-5 中级技能鉴定试题	课时	4 小时
任务简介	**按图示要求完成零件的加工(材料:45 钢,Φ 55×165)** 技术要求: (1)未注倒角 0.5×45°。 (2)1:12 锥度允许偏差在±4′。 (3)未注公差按 IT14 等级。		
任务目标	终极目标:掌握复杂工件的加工。 任务目标:(1)掌握复杂工件的加工。 　　　　　(2)掌握复杂工件的测量。 　　　　　(3)掌握形位要求的保证方法。		
预备理论 (10%)	编写工艺:		
任务过程	操作过程: (1)在老师指导下,按任务要求写出零件加工的工艺步骤。 (2)熟练车出任务给定的零件。 (3)熟记车削各几何要素的步骤、进刀方法等。		

任务完成评价表

	序号	项目	检测内容	配分 IT	配分 R_a	检测结果
任务完成质量得分（50%）7	1	外圆	$\Phi 52^{+0.025}_{-0.05}$　2处　$R_a1.6$	4	1	
	2		$\Phi 48\pm0.02$　$R_a3.2$	3	1	
	3		$\Phi 36^{0}_{-0.025}$　$R_a1.6$	4	1	
	4	内孔	$\Phi 28\pm0.02$　$R_a3.2$	4	1	
	5		$\Phi 22^{+0.021}_{0}$　$R_a1.6$	5	2	
	6	锥度	$C=1:12$　$R_a1.6$	6	2	
	7	三角螺纹	M30	5		
	8	梯形螺纹	$\Phi 40^{0}_{-0.375}$,$\Phi 33^{0}_{-0.537}$	2	2	
	9		$\Phi 37^{+0.118}_{-0.453}$　$R_a1.6$	8	8	
	10		$30°\pm15'$	2		
	11	矩形槽	$\Phi 25\pm0.03$　2处	4		
	12		6 ± 0.03　2处	4		
	13	长度	$6\pm0.05,27\pm0.1$	1	1	
	14		$30\pm0.05,52\pm0.1$	1	1	
	15		$60\pm0.15,160\pm0.25$	1	1	
	16	形位公差	∥ 0.025	5		
	17		◎ 0.025 A	5		
	18	现场操作规范	工、量、刃具和设备的使用	5		
	19		工艺的制定	8		
	20		安全文明生产	2		
	合计			100		
任务过程得分（30%）	1	准备工作		15		
	2	工位布置		15		
	3	工艺执行		15		
	4	清洁整理		15		
	5	清扫保养		15		
	6	工作纪律		25		
	合计			100		

任务反思 得分(10%)	(1)每日一问：			
	(2)错误项目原因分析：			
	(3)自评与师评差别原因分析：			

任务总得分				
预备得分	任务完成质量得分	任务过程得分	反思分析得分	总得分

教师评价	

每日一练	(1)如何保证图中位置公差的加工精度？

模块六　中级技能鉴定试题

车工实训任务书

项目编号:No. 15

项目名称:鉴定试题训练

任务编号:15—6

任务名称:中级技能鉴定训练

班组学号:

学生姓名:

指导教师:

布置时间:

任务名称	15—6 中级技能鉴定训练	课时	4 小时

任务简介	**按图示要求完成零件的加工（材料：45 钢，Φ60×155）** 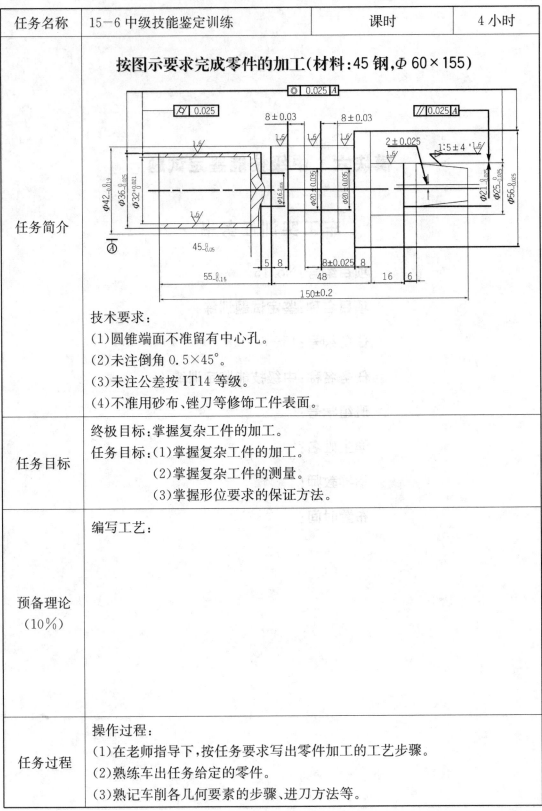 技术要求： (1)圆锥端面不准留有中心孔。 (2)未注倒角 0.5×45°。 (3)未注公差按 IT14 等级。 (4)不准用砂布、锉刀等修饰工件表面。
任务目标	终极目标：掌握复杂工件的加工。 任务目标：(1)掌握复杂工件的加工。 　　　　　(2)掌握复杂工件的测量。 　　　　　(3)掌握形位要求的保证方法。
预备理论 （10%）	编写工艺：
任务过程	操作过程： (1)在老师指导下，按任务要求写出零件加工的工艺步骤。 (2)熟练车出任务给定的零件。 (3)熟记车削各几何要素的步骤、进刀方法等。

任务完成评价表

	序号	项目	检测内容		配分		检测结果
					IT	R_a	
任务完成质量得分（50%）	1	外圆	$\Phi 56_{-0.025}^{0}$	$R_a 3.2$	4	1	
	2		$\Phi 42_{-0.019}^{0}$　　3处	$R_a 1.6$	6	3	
	3		$\Phi 36_{-0.025}^{0}$	$R_a 1.6$	5	2	
	4		$\Phi 25_{-0.025}^{0}$	$R_a 1.6$	4	1	
	5		$\Phi 21_{-0.025}^{0}$	$R_a 1.6$	3	1	
	6	内孔	$\Phi 32_{0}^{+0.021}$	$R_a 1.6$	6	2	
	7	矩形槽	$\Phi 20 \pm 0.035$　　2处	$R_a 3.2$	4	1	
	8		$\Phi 16 \pm 0.035$	$R_a 3.2$	2	1	
	9		8 ± 0.03　　2处		4		
	10		8 ± 0.025		3		
	11	锥度	$1:5 \pm 4'$	$R_a 1.6$	6	2	
	12	长度	$45_{-0.05}^{0}$		2		
	13		$55_{-0.15}^{0}$		2		
	14		150 ± 0.2		2		
	15	形位公差	// 0.025 A		5		
	16		⟋ 0.025		5		
	17		◎ 0.025 A		5		
	18	现场操作规范	工、量、刃具和设备的使用		5		
	19		工艺的制定		8		
	20		安全文明生产		2		
	合计				100		
任务过程得分（30%）	1	准备工作			15		
	2	工位布置			15		
	3	工艺执行			15		
	4	清洁整理			15		
	5	清扫保养			15		
	6	工作纪律			25		
	合计				100		

任务反思 得分(10％)	(1)每日一问：			
	(2)错误项目原因分析：			
	(3)自评与师评差别原因分析：			
任务总得分				
预备得分	任务完成质量得分	任务过程得分	反思分析得分	总得分
教师评价				
每日一练	(1)如何加工薄壁工件？			

附录 1 车削加工常用钢材的切削用量参考数值

加工材料		硬度 HBS	背吃刀量 a_p(mm)	高速钢刀具		硬质合金刀具				涂层			陶瓷（超硬材料）刀具		说明
						未涂层			材料						
				v (m/min)	f (mm/r)	v(m/min) 焊接式	可转位	f (mm/r)		v (m/min)	f (mm/r)		v (m/min)	f (mm/r)	
易切碳钢	低碳	100~200	1	55~90	0.18~0.2	185~240	220~275	0.18	TY15	320~410	0.18		55~700	0.13	切削条件较好时可用冷压 Al₂O₃ 陶瓷，切削条件较差时宜用 Al₂O₃ + TiC 热压混合陶瓷
			4	41~70	0.40	135~185	160~215	0.50	TY14	215~275	0.40		425~580	0.25	
			8	34~55	0.50	110~145	130~170	0.75	TY5	170~220	0.50		335~490	0.40	
	中碳	175~225	1	52	0.2	165	200	0.18	TY15	305	0.18		520	0.13	
			4	40	0.40	125	150	0.50	TY14	200	0.40		395	0.25	
			8	30	0.50	100	120	0.75	5	160	0.50		305	0.40	
碳钢	低碳	125~225	1	43~46	0.18	140~150	170~195	0.18	TY15	260~290	0.18		520~580	0.13	
			4	34~33	0.40	115~125	135~150	0.50	TY14	170~190	0.40		363~425	0.25	
			8	27~30	0.50	88~100	105~120	0.75	TY5	135~150	0.50		275~365	0.40	
	中碳	175~275	1	34~40	0.18	115~130	150~160	0.18	TY15	220~240	0.18		460~520	0.13	
			4	23~30	0.40	90~100	115~125	0.50	TY14	145~160	0.40		290~350	0.25	
			8	20~26	0.50	70~78	90~100	0.75	TY5	115~125	0.50		200~260	0.40	
	高碳	175~275	1	30~37	0.18	115~130	140~155	0.18	TY15	215~230	0.18		460~520	0.13	
			4	24~27	0.40	88~95	105~120	0.50	TY14	145~150	0.40		275~335	0.25	
			8	18~21	0.50	69~76	84~95	0.75	TY5	115~120	0.50		185~245	0.40	

续附录 1

加工材料	硬度 HBS	背吃刀量 v_p(mm)	高速钢刀具 v(m/min)	高速钢刀具 f(mm/r)	硬质合金刀具 未涂层 v(m/min) 焊接式	硬质合金刀具 未涂层 v(m/min) 可转位	未涂层 f(mm/r)	材料	涂层 v(m/min)	涂层 f(mm/r)	陶瓷(超硬材料)刀具 v(m/min)	陶瓷 f(mm/r)	说明
低碳 (合金钢)	125~225	1	41~46	0.18	135~150	170~185	0.18	TY15	220~235	0.18	520~580	0.13	
		4	32~37	0.40	105~120	135~145	0.50	TY14	175~190	0.40	365~395	0.25	
		8	24~27	0.50	84~95	105~115	0.75	TY5	135~145	0.50	275~335	0.40	
中碳 (合金钢)	175~275	1	34~41	0.18	105~115	130~150	0.18	TY15	170~200	0.18	460~520	0.13	
		4	26~32	0.40	85~90	105~120	0.40~0.50	TY14	135~160	0.40	280~360	0.25	
		8	20~24	0.50	67~73	82~95	0.50~0.75	TY5	105~120	0.50	220~265	0.40	
高碳 (合金钢)	175~275	1	30~37	0.18	105~115	135~145	0.18	TY15	170~190	0.18	460~520	0.13	
		4	21~27	0.40	84~90	105~115	0.50	TY14	135~150	0.40	275~335	0.25	
		8	18~21	0.50	66~72	82~90	0.75	TY5	105~120	0.50	215~245	0.40	
高强度钢	225~350	1	20~26	0.18	90~105	115~135	0.18	TY15	150~185	0.18	380~440	0.13	>300HBS 时宜用 $W_{12}Cr_4V_5Co_5$ 及 $W_2MoCr_4VCo_8$
		4	15~20	0.40	69~84	90~105	0.40	TY14	120~135	0.40	205~265	0.25	
		8	12~15	0.50	53~66	69~84	0.50	TY5	90~105	0.50	145~205	0.40	

附录 2 莫氏圆锥的锥度

号数	锥度	圆锥锥角 α	圆锥半角 $\frac{\alpha}{2}$	$\lg\frac{\alpha}{2}$
0	1:19.212=0.052 05	2°58′46″	1°29′23″	0.026
1	1:20.048=0.049 88	2°51′20″	1°25′40″	0.024 9
2	1:20.020=0.049 95	2°51′32″	1°25′46″	0.025
3	1:19.922=0.050 196	2°52′25″	1°26′12″	0.025 1
4	1:19.254=0.051 938	2°58′24″	1°29′12″	0.026
5	1:19.002=0.052 626 5	3°0′45″	1°30′22″	0.026 3
6	1:19.180=0.052 138	2°59′4″	1°29′32″	0.026 1

附录 3 常用标准圆锥的锥度

锥度	圆锥角 α	圆锥半角 $\frac{\alpha}{2}$	应 用 举 例
1:4	14°15′	7°7′30″	车床主轴法兰及轴头
1:5	11°25′16″	5°42′38″	易于拆卸的连接,砂轮主轴与砂轮法兰的结合,锥形摩擦离合器锥面配合
1:7	8°10′16″	4°5′8″	管件的开关塞、阀等
1:12	4°46′19″	2°23′9″	部分滚动轴承内外锥孔
1:15	3°49′6″	1°54′23″	主轴与齿轮的配合部分
1:16	3°34′47″	1°47′24″	圆锥管螺纹
1:20	2°51′51″	1°25′56″	米制工具圆锥,锥形主轴颈
1:30	1°54′35″	0°57′17″	装柄的铰刀和扩孔钻与柄的配合
1:50	1°8′45″	0°34′23″	圆锥定位销及铰刀孔
7:24	16°35′39″	8°17′50″	锥床主轴孔及刀杆的锥体
7:64	6°15′38″	3°7′49″	刨齿机工作台的心轴孔

附录 4 普通螺纹基本尺寸(部分)

公称直径 D、d			螺距 P	中径 D_2 或 d_2	小径 D_1 或 d_1	公称直径 D、d			螺距 P	中径 D_2 或 d_2	小径 D_1 或 d_1
第一系列	第二系列	第三系列				第一系列	第二系列	第三系列			
1			0.25	0.838	0.729	8			(0.5)	7.675	7.459
			0.2	0.870	0.783			9	1.25	8.188	7.647
	1.1		0.25	0.938	0.829				1	8.350	7.917
			0.2	0.970	0.883				0.75	8.513	8.188
1.2			0.25	1.038	0.929				(0.5)	8.675	8.459
			0.2	1.070	0.983	10			1.5	9.026	8.376
	1.4		0.3	1.205	1.075				1.25	9.188	8.647
			0.2	1.270	1.183				1	9.350	8.917
1.6			0.35	1.373	1.221				0.75	9.513	9.188
			0.2	1.470	1.383				(0.5)	9.675	9.459
	1.8		0.35	1.573	1.421			11	(1.5)	10.026	9.376
			0.2	1.570	1.583				1	10.350	9.917
2			0.4	1.740	1.567				0.75	10.513	10.188
			2.25	1.838	1.729				(0.5)	10.675	10.459
	2.2		0.45	1.908	1.713	12			1.75	10.863	10.106
			0.25	2.038	1.929				1.5	11.026	10.376
2.5			0.45	2.208	2.013				1.25	11.188	10.647
			0.35	2.273	2.121				1	11.350	10.917
3			0.5	2.675	2.459				(0.75)	11.513	11.188
			0.35	2.773	2.621				(0.5)	11.675	11.459
	3.5		(0.6)	3.110	2.850		14		2	12.701	11.835
			0.35	3.273	2.621				1.5	13.026	12.376
4			0.7	3.545	3.242				(1.25)	13.188	12.647
			0.5	3.675	3.459				1	13.350	12.917
	4.5		(0.75)	4.013	3.688				(0.75)	13.513	13.188
			0.5	4.175	3.959				(0.5)	13.675	13.459
5			0.8	4.480	4.134			15	1.5	14.026	13.376
			0.5	4.675	4.459				(1)	14.350	13.917
		5.5	0.5	5.175	4.959	16			2	14.701	13.835
6			1	5.350	4.917				1.5	15.026	14.376
			0.75	5.513	5.188				1	15.350	14.917
			(0.5)	5.675	5.459				(0.75)	15.513	15.188
		7	1	6.350	5.917				(0.5)	15.675	15.459
			0.75	6.513	6.188			17	1.5	16.026	15.376
			(0.5)	6.675	6.459				(1)	16.350	15.917
8			1.25	7.188	6.647		18		2.5	16.376	15.294
			1	7.350	6.917				2	16.701	15.835
			0.75	7.513	7.188				1.5	17.026	16.376

	18	1	17.350	16.917
	18	(0.75)	17.513	17.188
	18	(0.5)	17.675	17.459
20		2.5	18.376	17.294
20		2	18.701	17.835
20		1.5	19.026	18.376
20		1	19.350	18.917
20		(0.75)	19.513	19.188
20		(0.5)	19.675	19.459
22		2.5	20.376	19.294
22		2	20.701	19.835
22		1.5	21.026	20.376
22		1	21.350	20.917
22		(0.75)	21.513	21.188
22		(0.5)	21.675	21.459
24		3	22.051	20.752
24		2	22.701	21.835
24		1.5	23.026	22.376
24		1	23.350	22.917
24		(0.75)	23.513	23.188
25		2	23.701	22.835
25		1.5	24.026	23.376
25		(1)	24.350	23.917
	26	1.5	25.026	24.376
27		3	25.051	23.752
27		2	25.701	24.835
27		1.5	26.026	25.376
27		1	26.350	25.917
27		(0.75)	26.513	26.188
	28	2	26.701	25.835
	28	1.5	27.026	26.376
	28	1	27.350	26.917
30		3.5	27.727	26.211
30		(3)	28.051	26.752
30		2	28.701	27.835
30		1.5	29.026	28.376
30		1	29.350	28.917
30		(0.75)	29.513	29.188
	32	2	30.701	29.835
	32	1.5	31.026	30.376
	33	3.5	30.727	29.211

33		(3)	31.051	29.752
33		2	31.701	30.835
33		1.5	32.026	31.376
33		(1)	32.350	31.917
33		(0.75)	32.513	32.188
	35	1.5	34.026	33.376
36		4	33.402	31.670
36		3	34.051	32.752
36		2	34.701	33.835
36		1.5	35.026	34.376
36		(1)	35.350	34.917
	38	1.5	37.026	36.376
39		4	36.402	34.670
39		3	37.051	35.752
39		2	37.701	36.835
39		1.5	38.026	37.376
39		(1)	38.350	37.917
40		(3)	38.051	36.752
40		(2)	38.701	37.835
40		2.5	39.026	38.376
42		4.5	39.077	37.129
42		(4)	39.402	37.670
42		3	40.051	38.752
42		2	40.701	39.835
42		1.5	41.026	40.376
42		(1)	41.350	40.917
45		4.5	42.077	40.129
45		(4)	42.402	40.670
45		3	43.051	41.752
45		2	43.701	42.835
45		1.5	44.026	43.376
45		(1)	44.350	43.917
48		5	44.752	42.587
48		(4)	45.402	43.670
48		3	46.051	44.762
48		2	46.701	4.835
48		1.5	47.026	46.376
48		(1)	47.350	46.917
50		(3)	48.051	46.752
50		(2)	48.701	47.835
50		1.5	49.026	48.376

参考文献

[1]陈望.车工实用手册[M].北京:中国劳动社会保障出版社,2002.

[2]彭德荫.车工工艺与技能训练[M].北京:中国劳动社会保障出版社,2006.

[3]唐茂.车工工艺与技能训练[M].成都:电子科技大学出版社,2007.

[4]倪亚辉.车工工艺与技能训练[M].成都:电子科技大学出版社,2007.

[5]薛峰.车工工艺与技能训练[M].北京:机械工业出版社,2009.